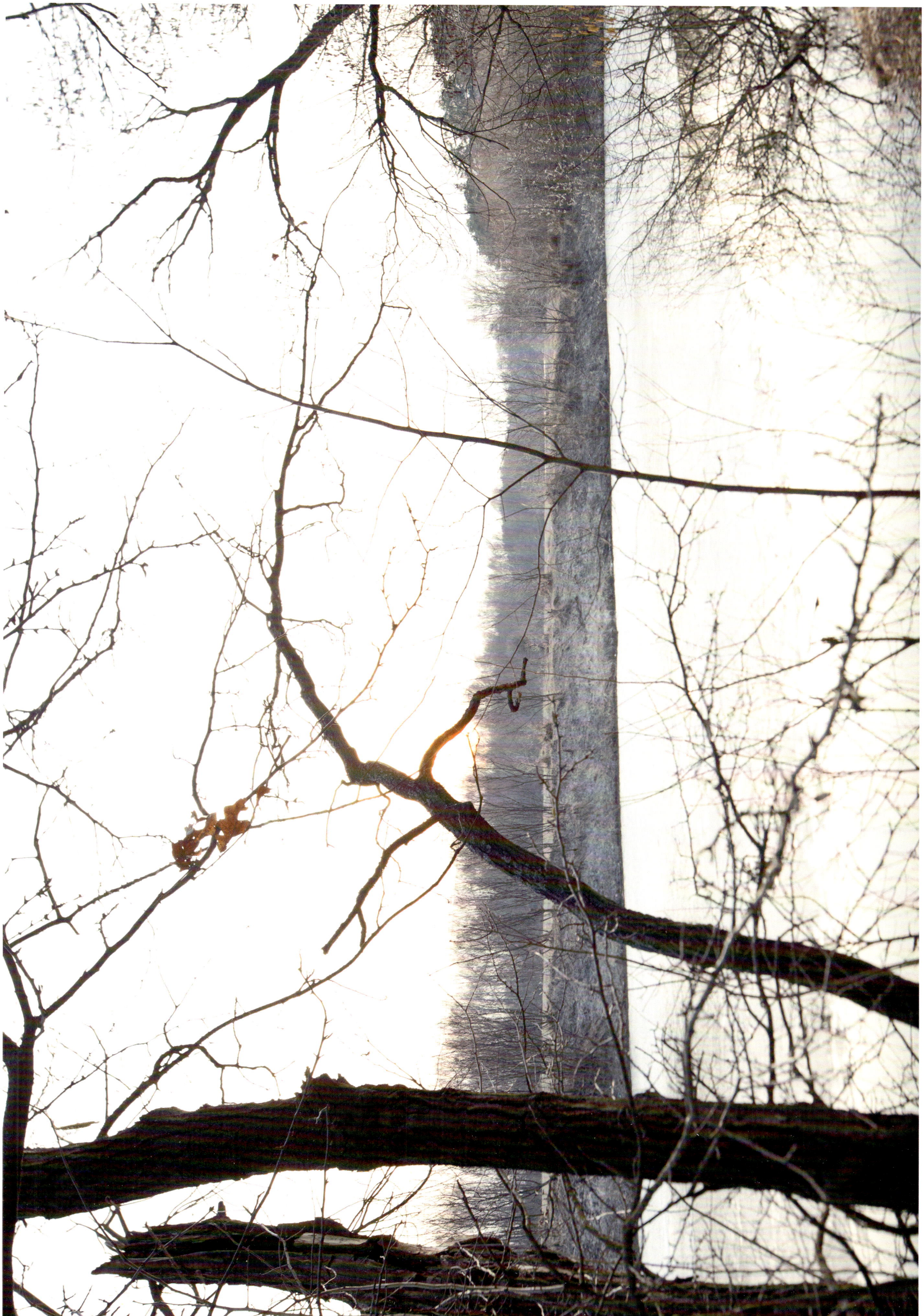

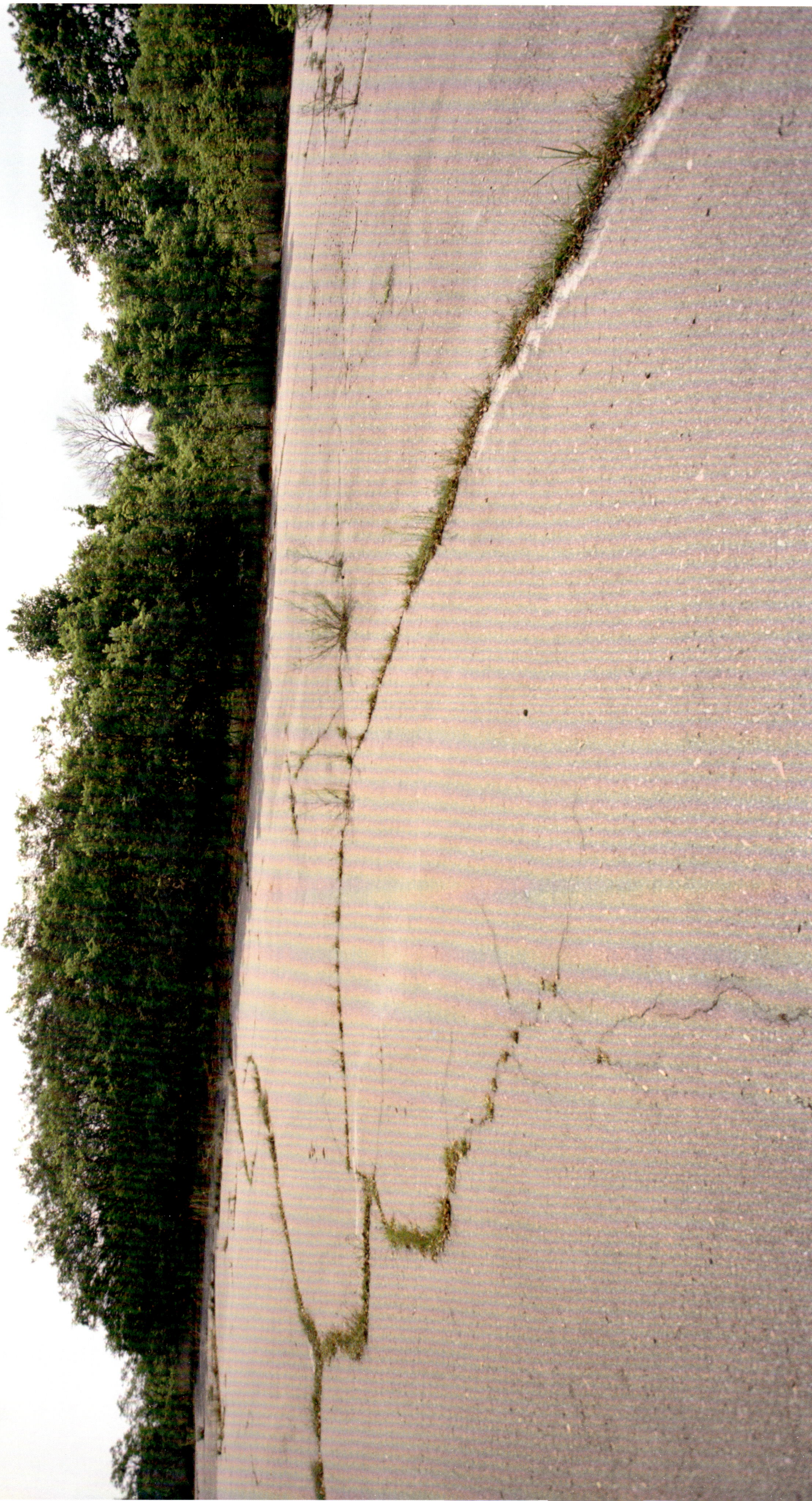

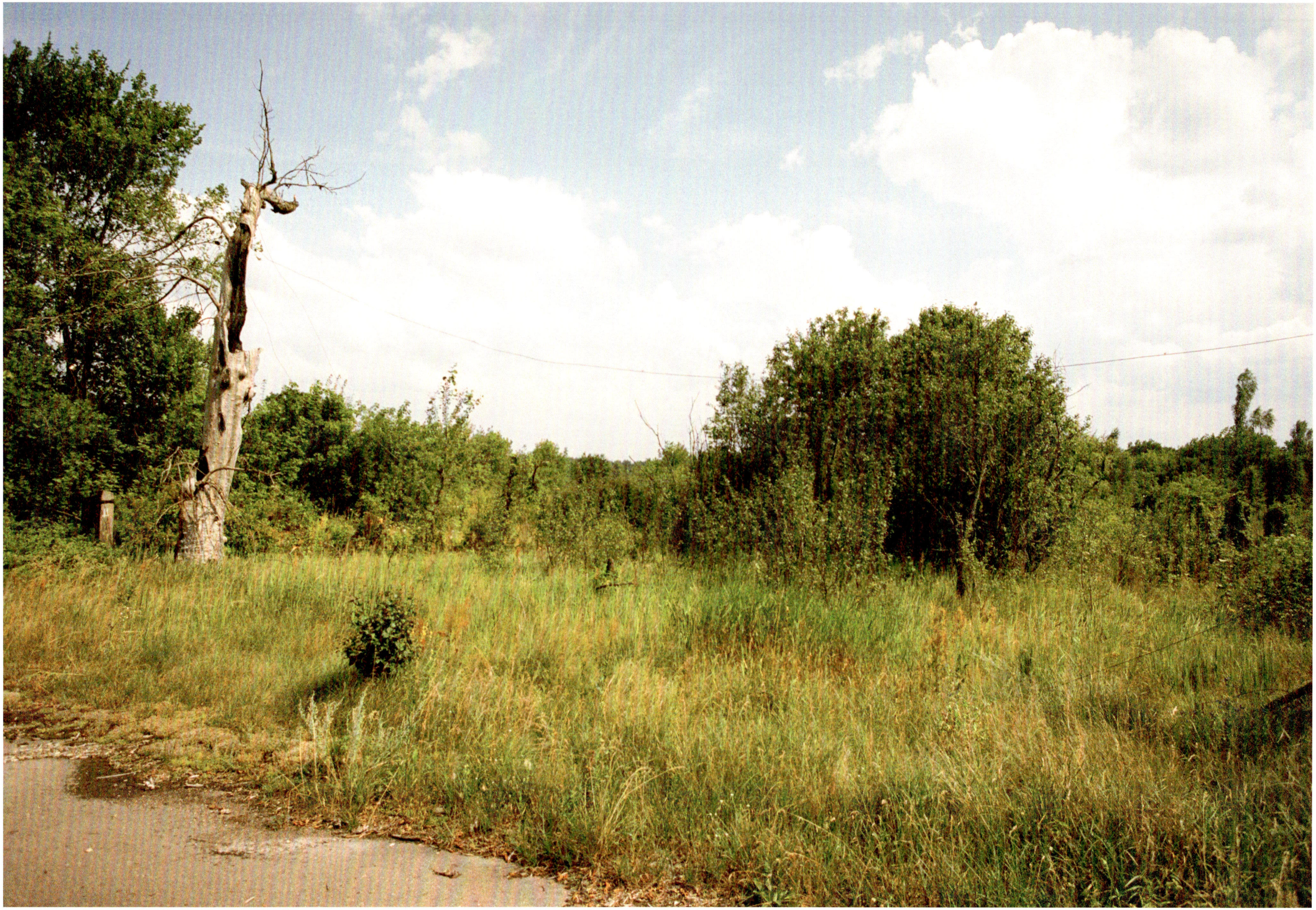

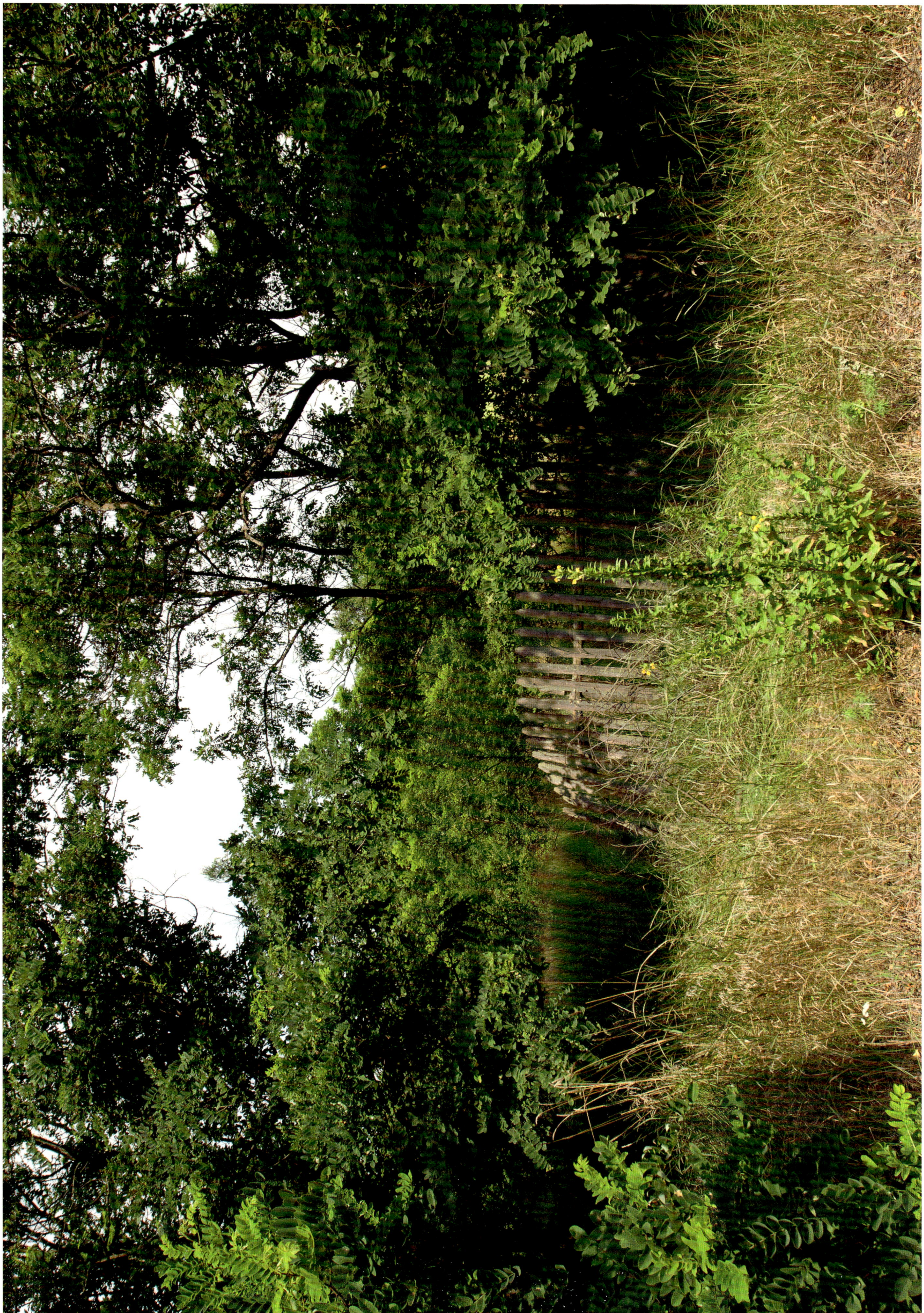

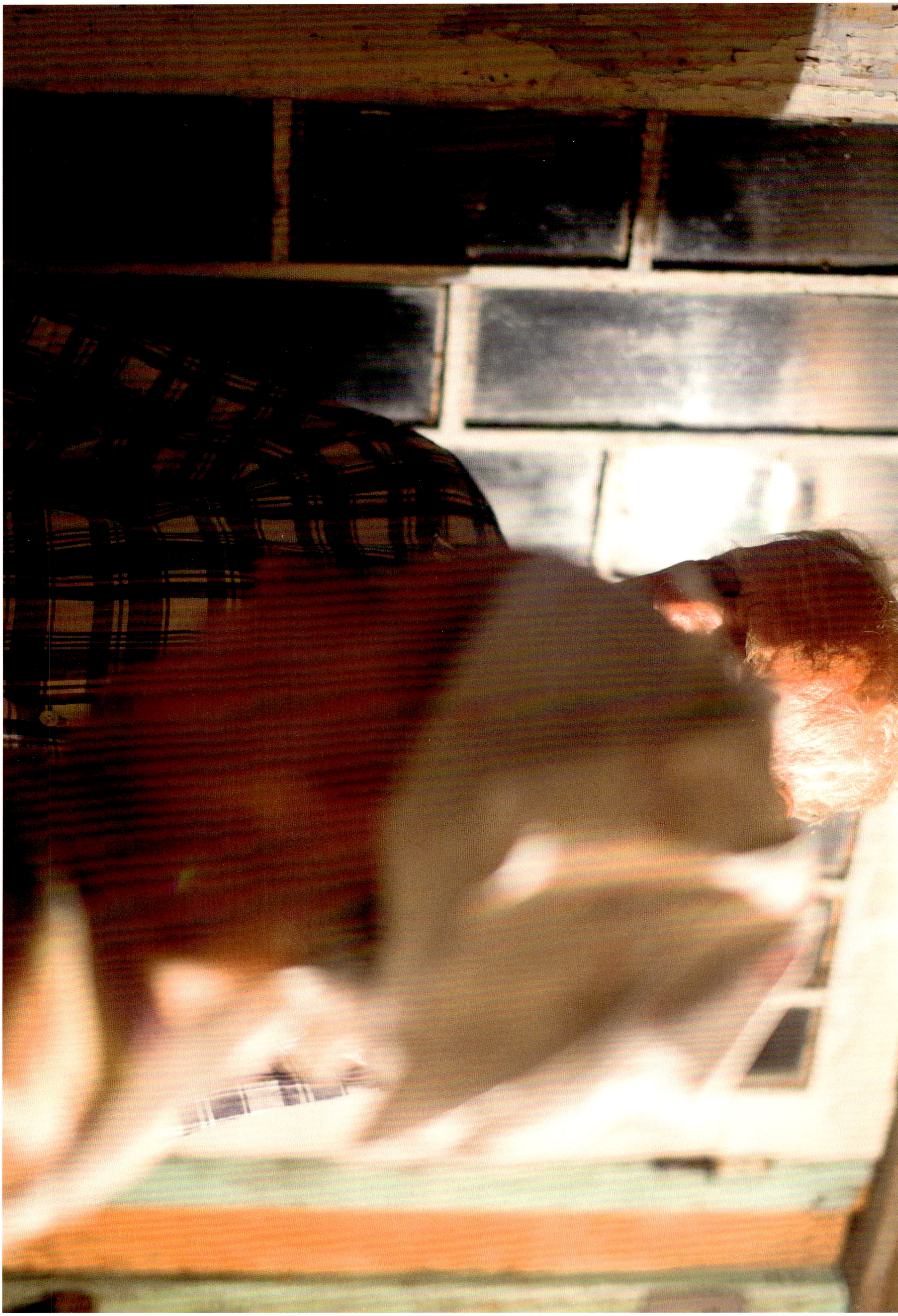

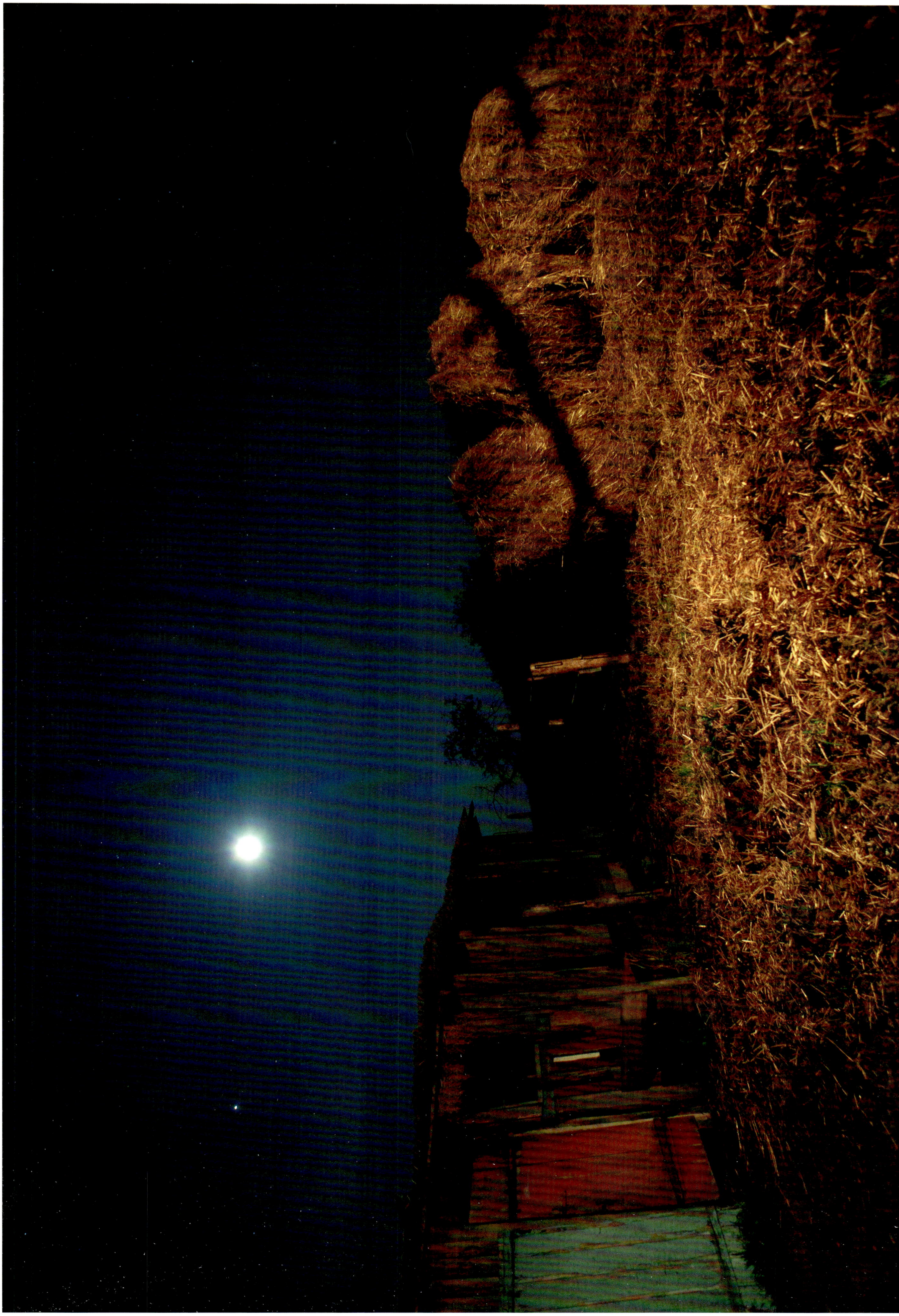

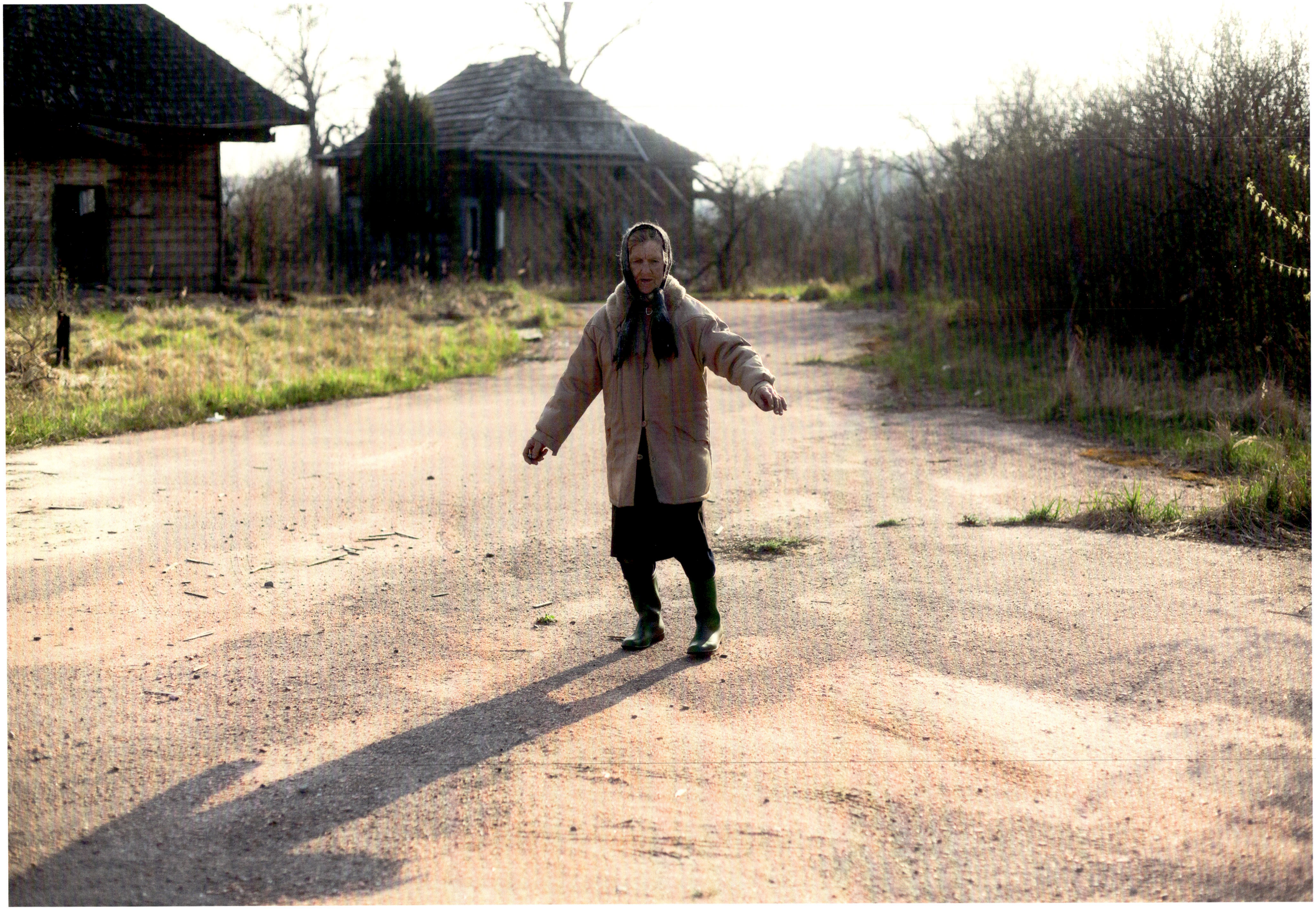

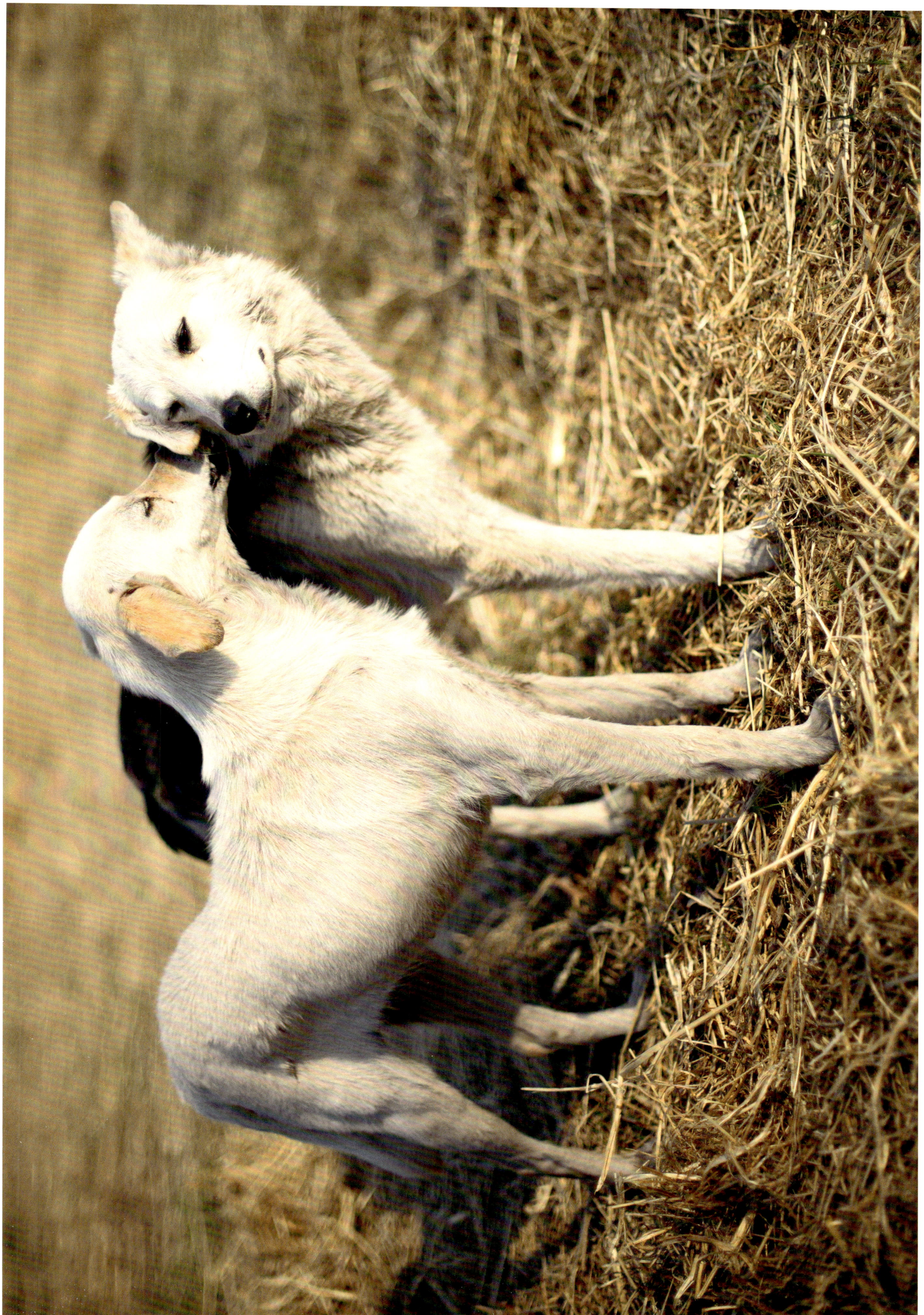

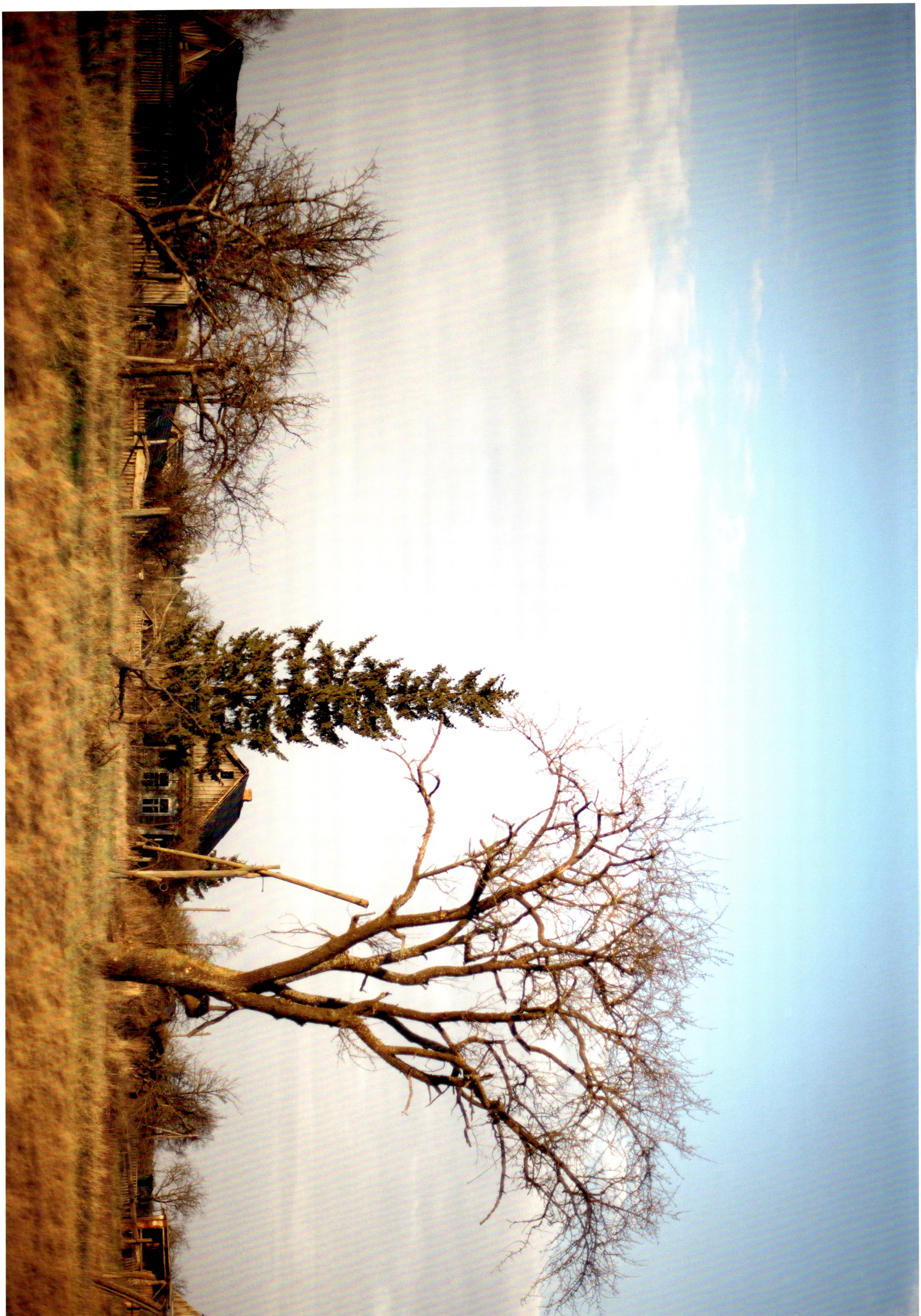

Andrej Krementschouk

CHERNOBYL ZONE (I)

KEHRER

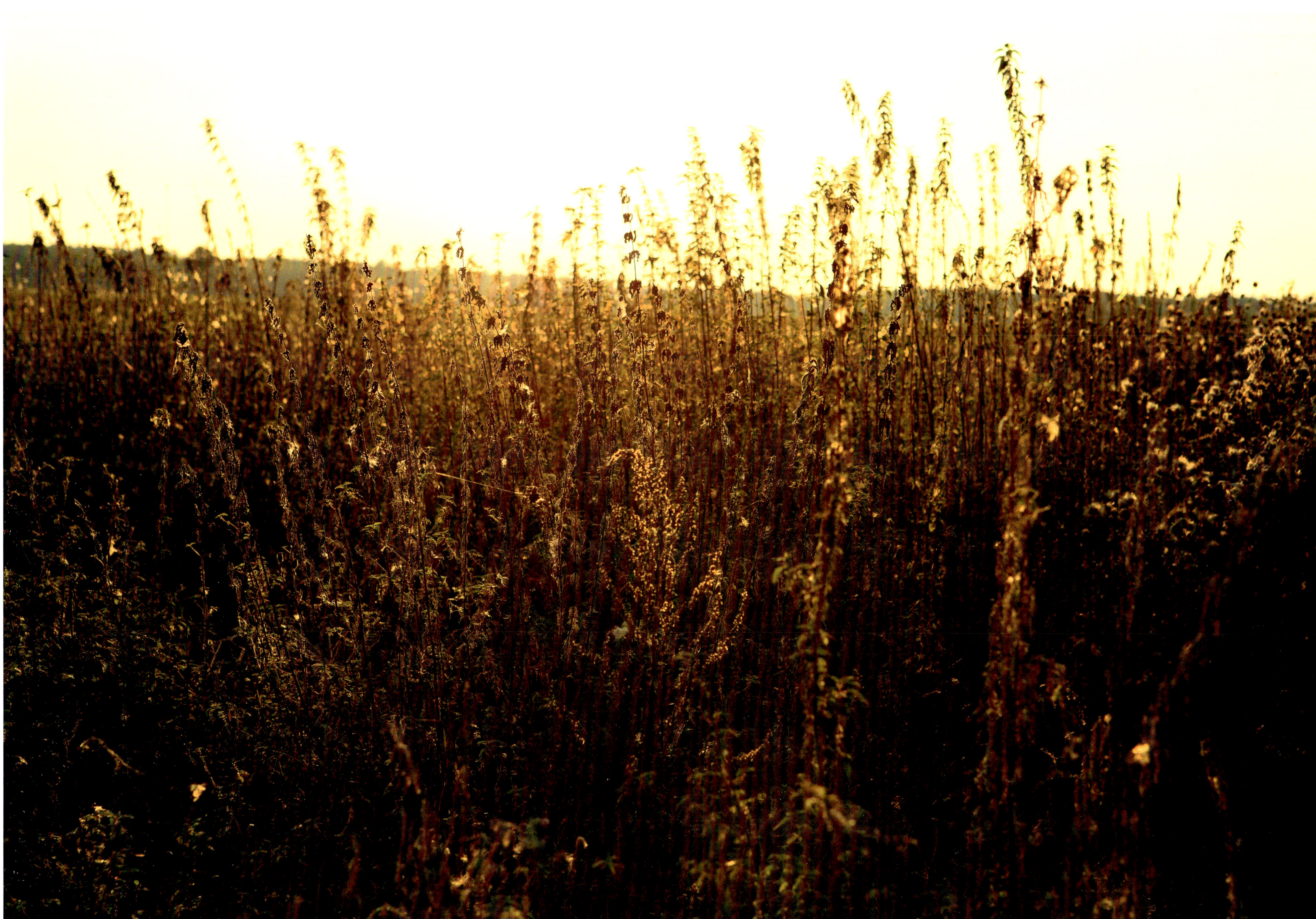

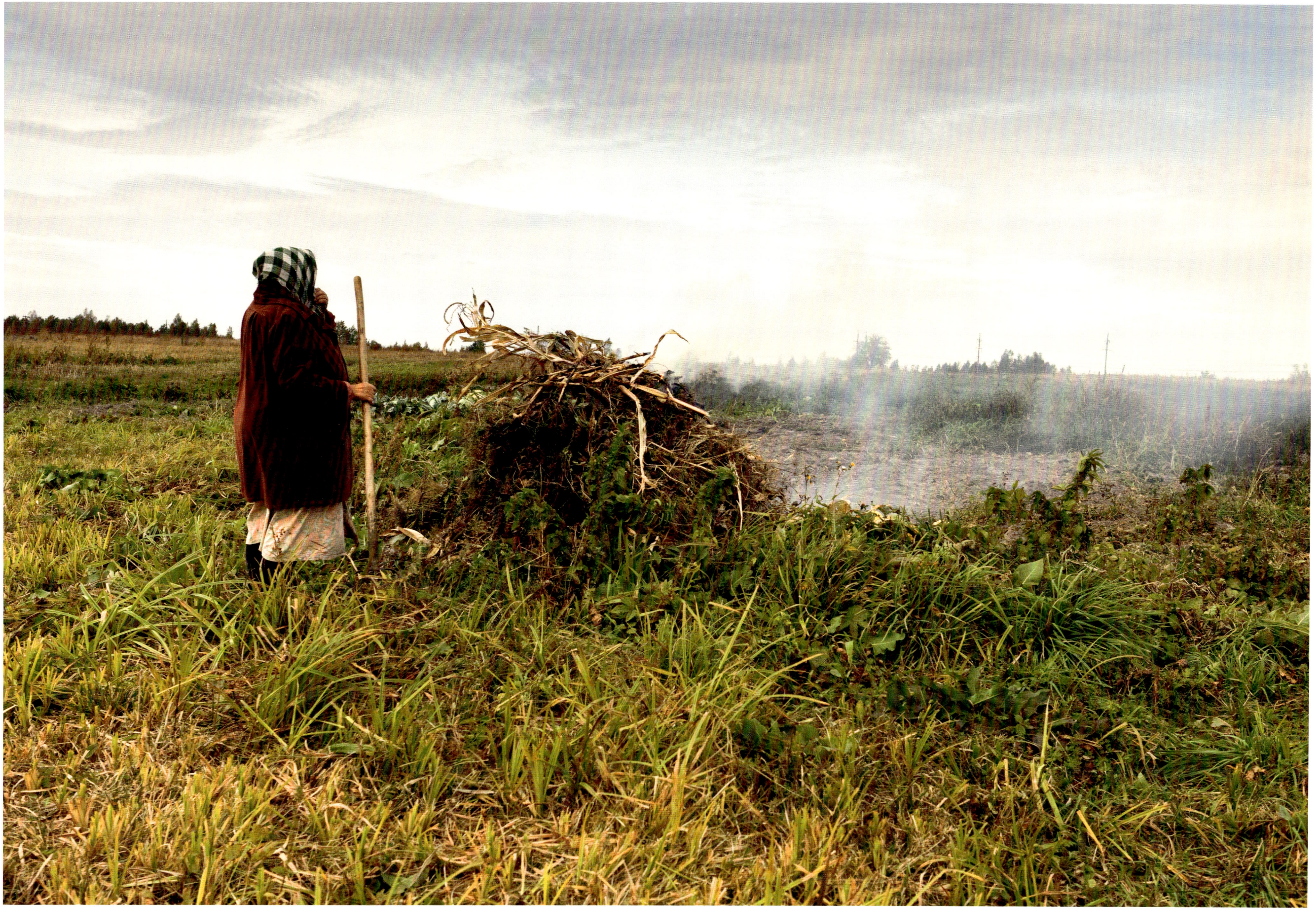

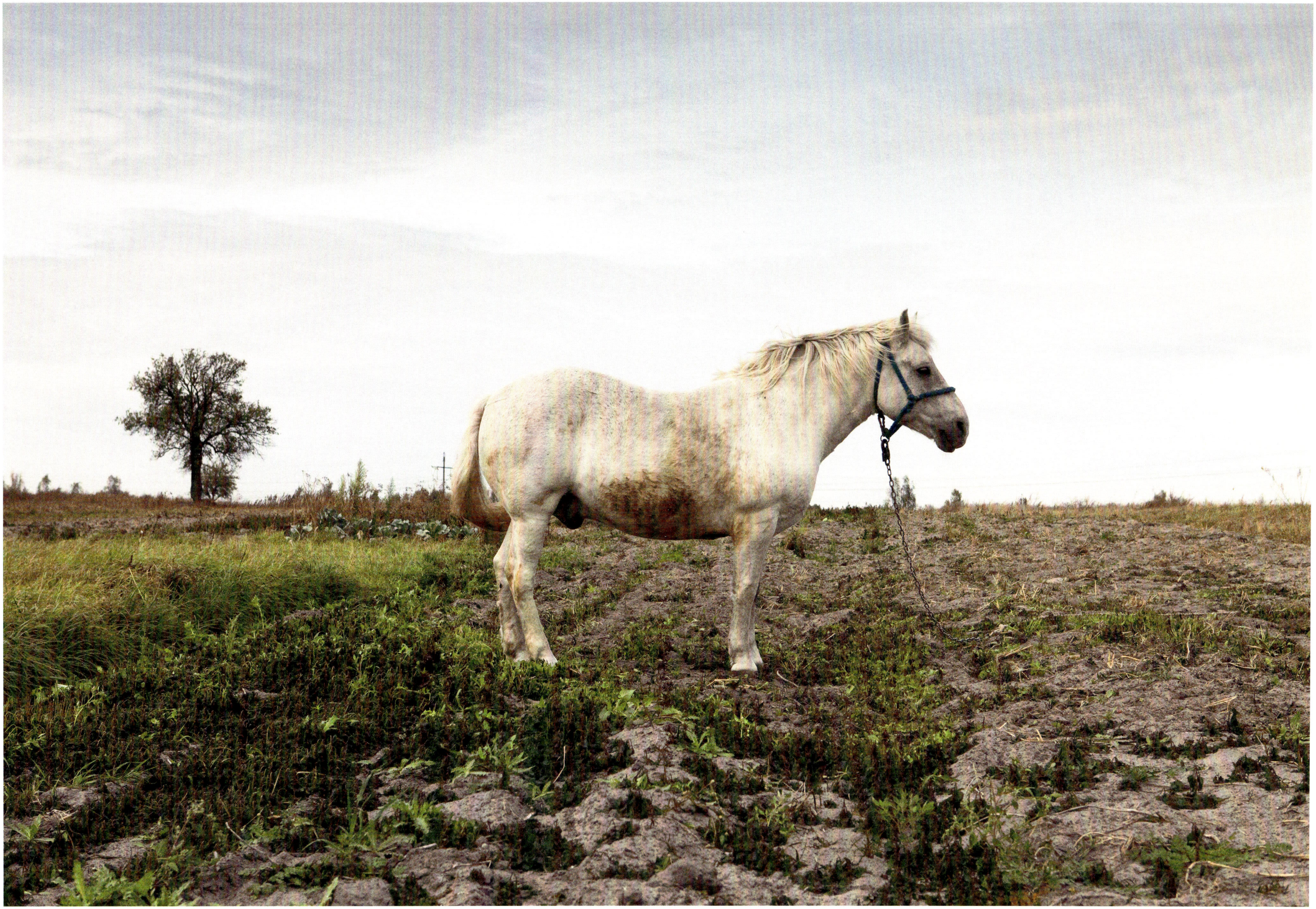

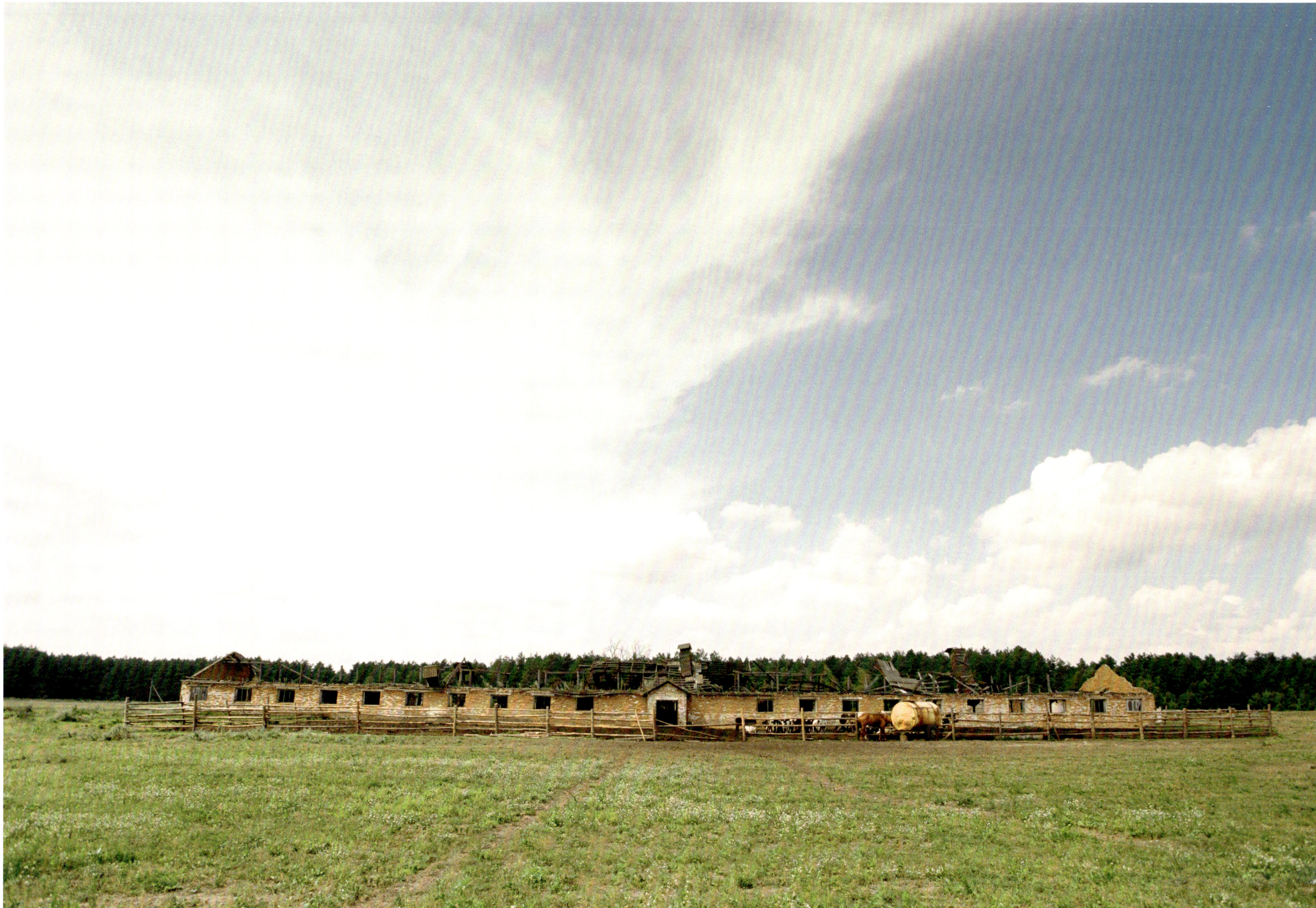

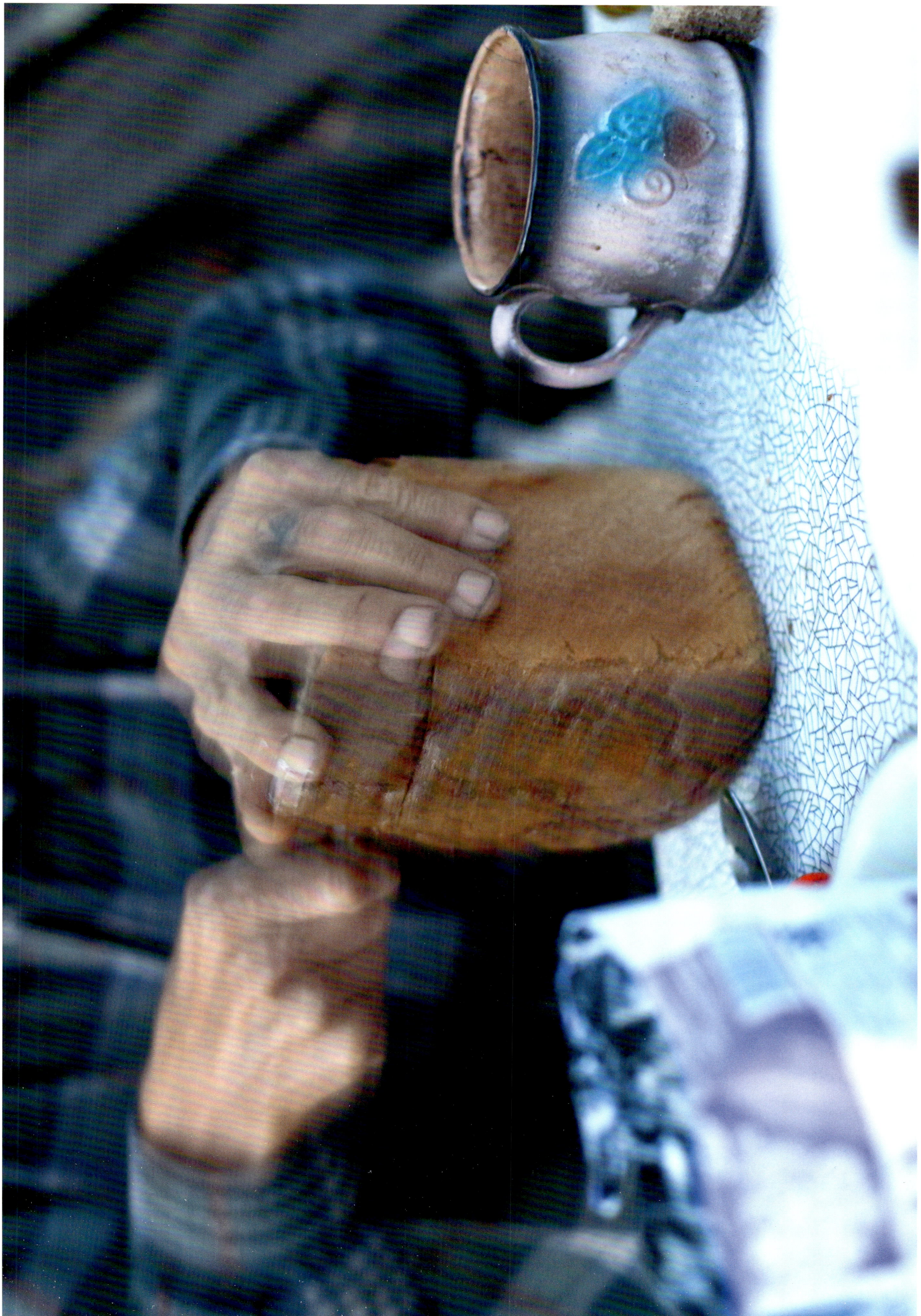

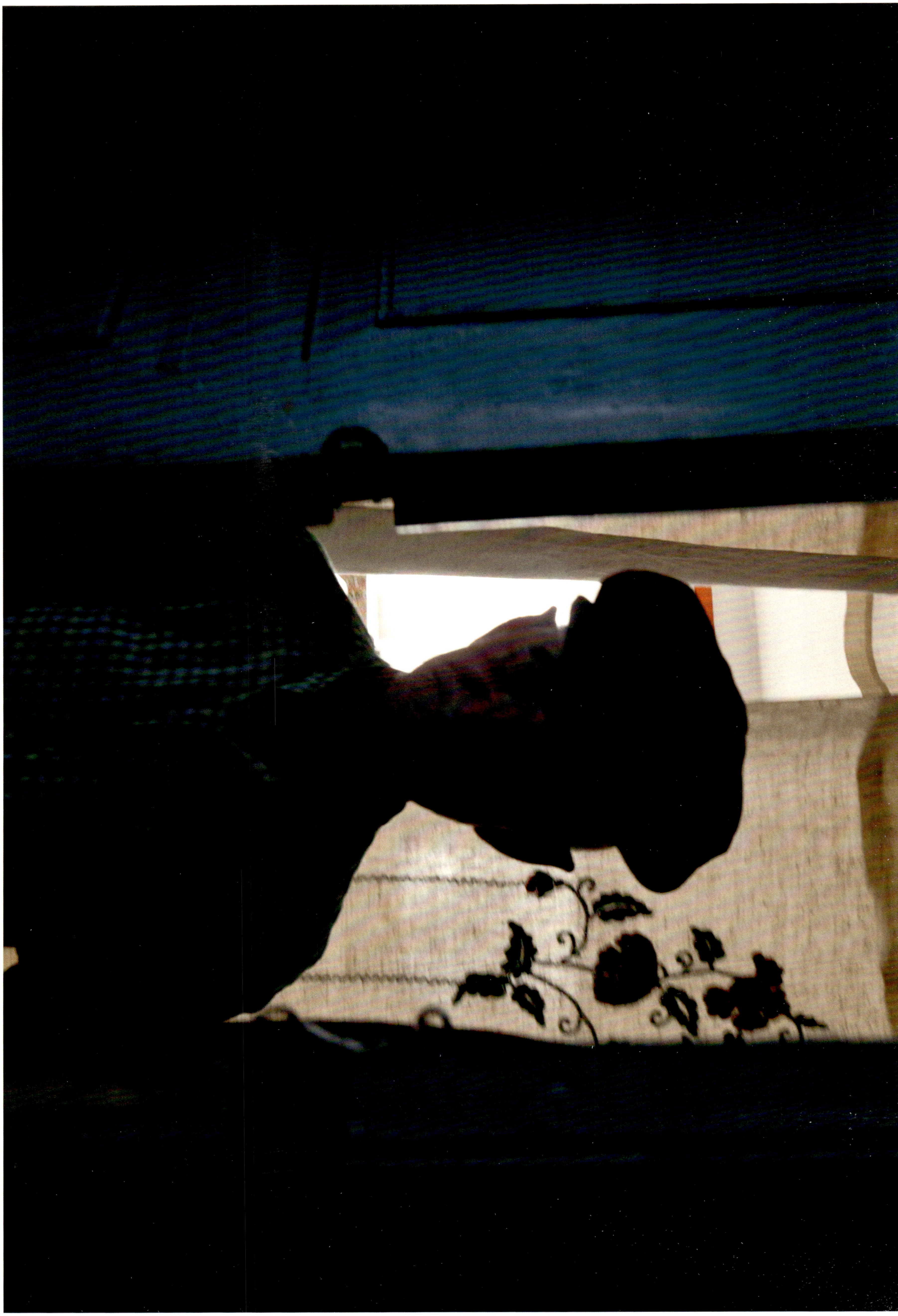

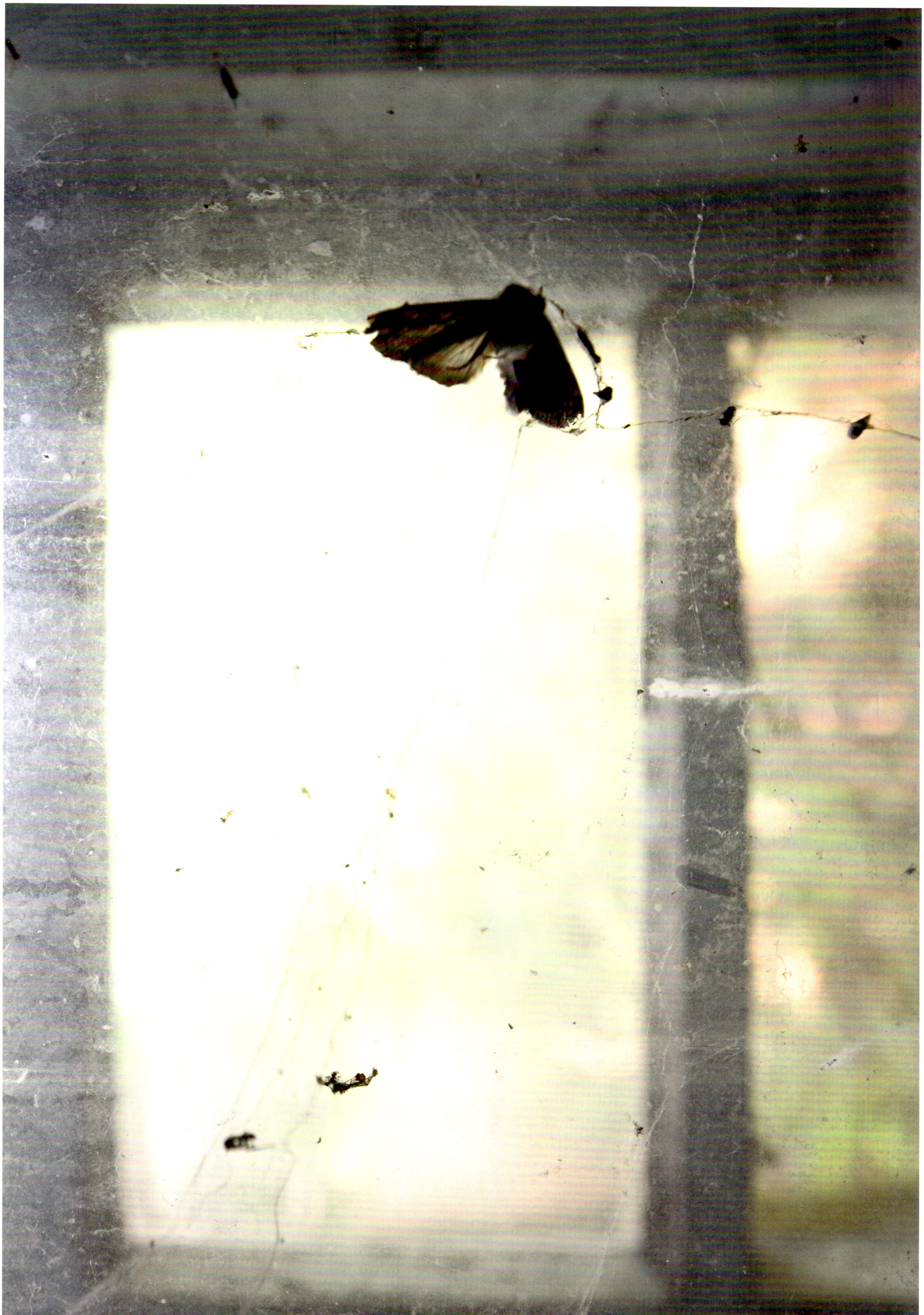

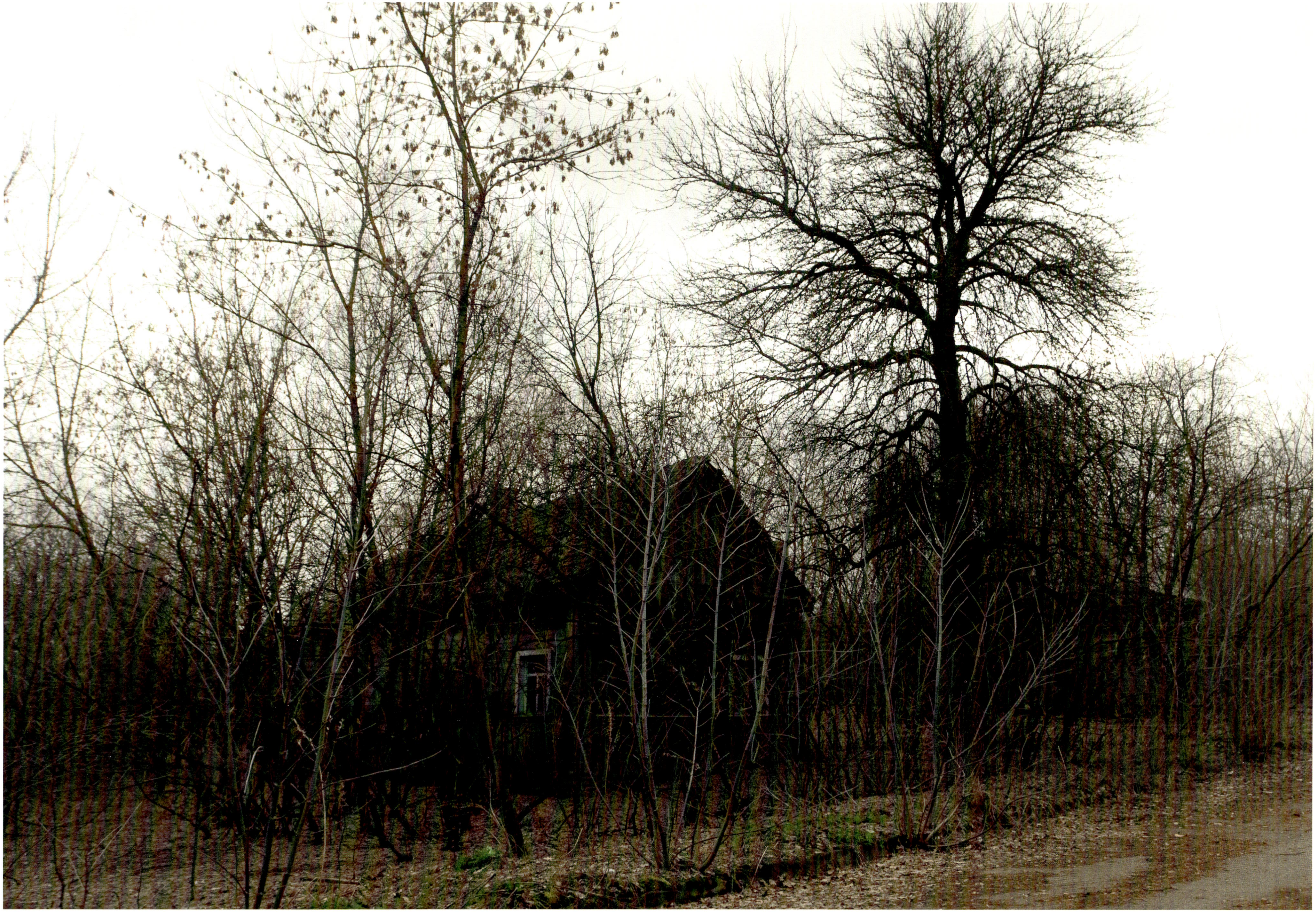

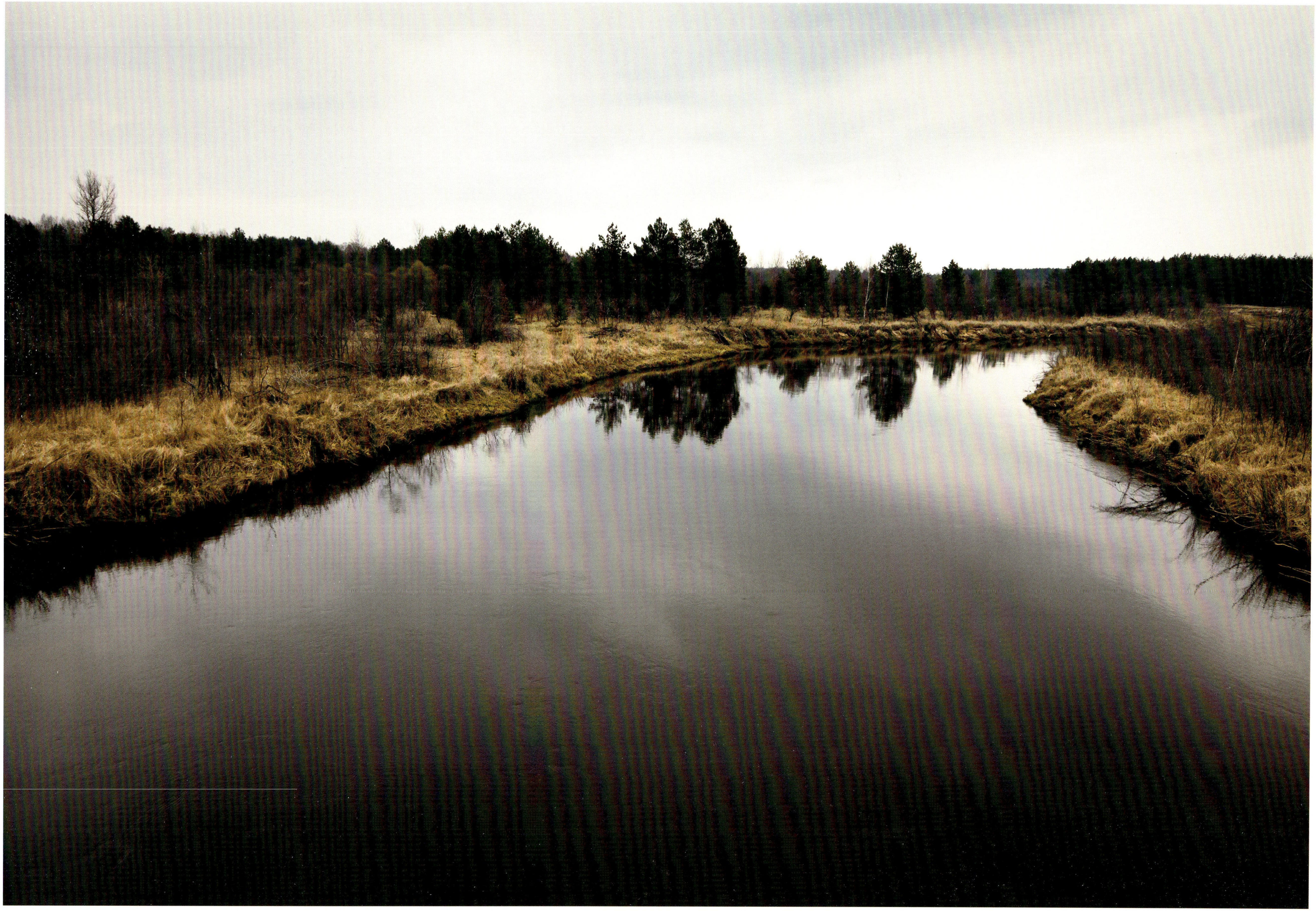

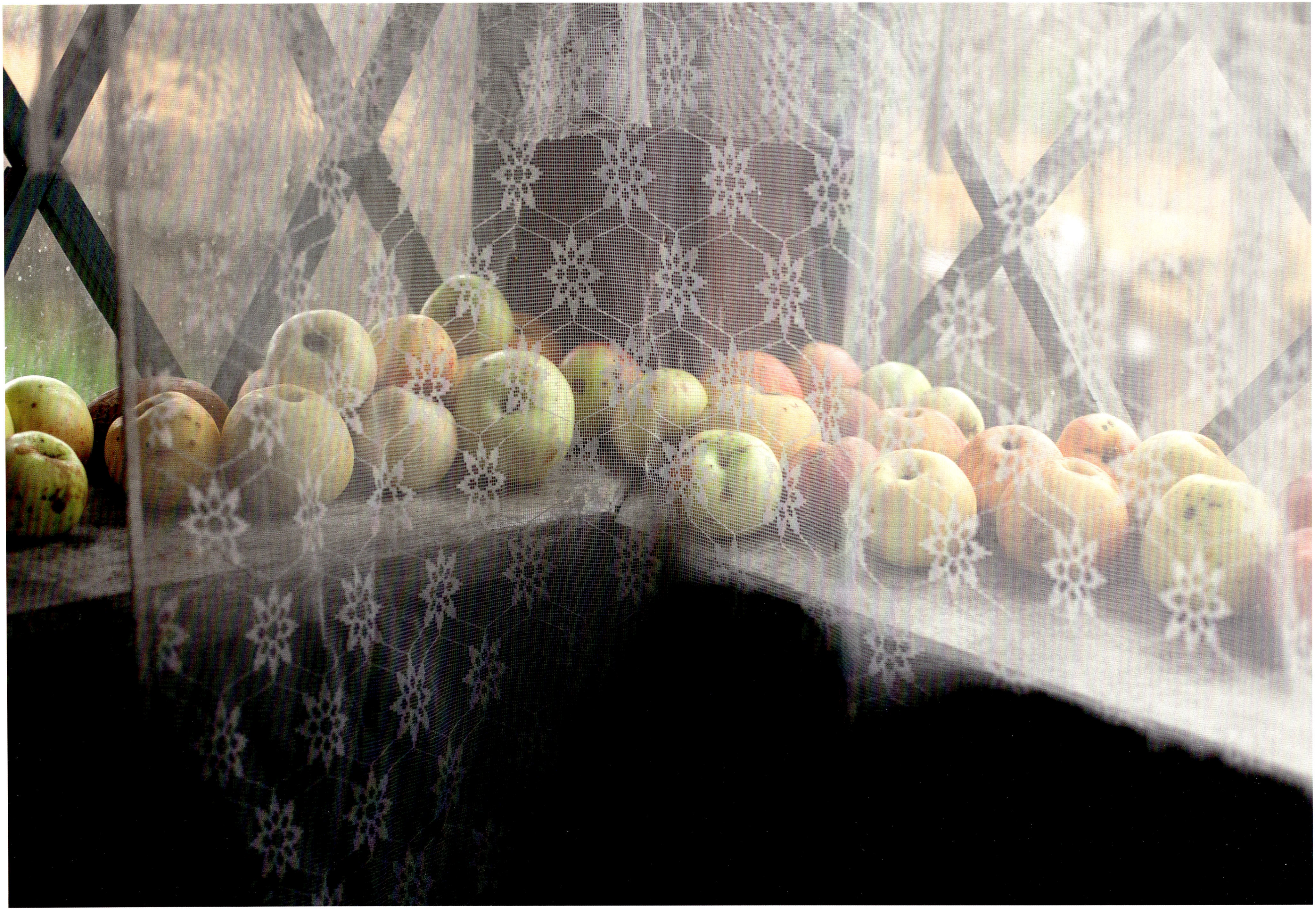

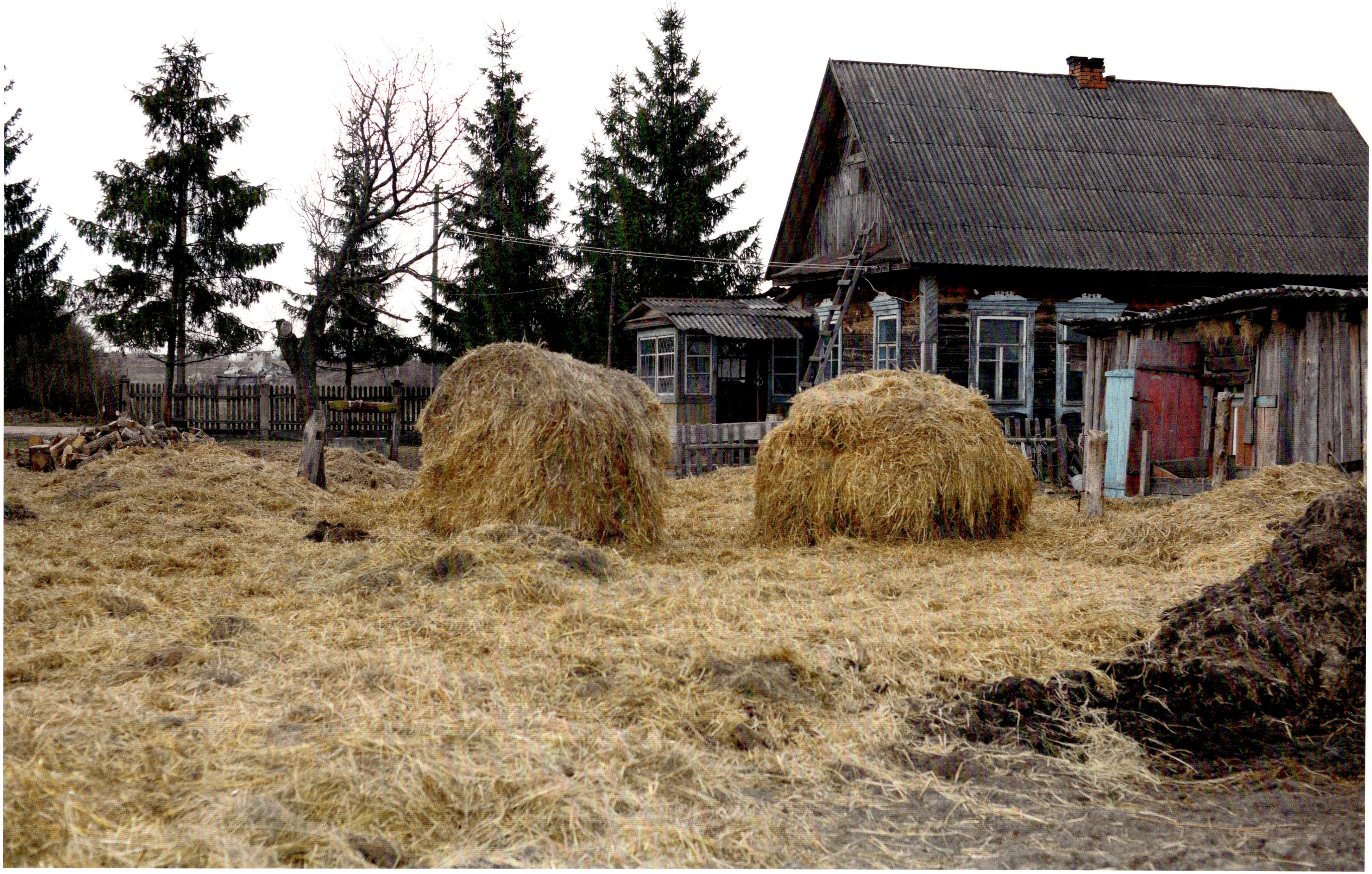

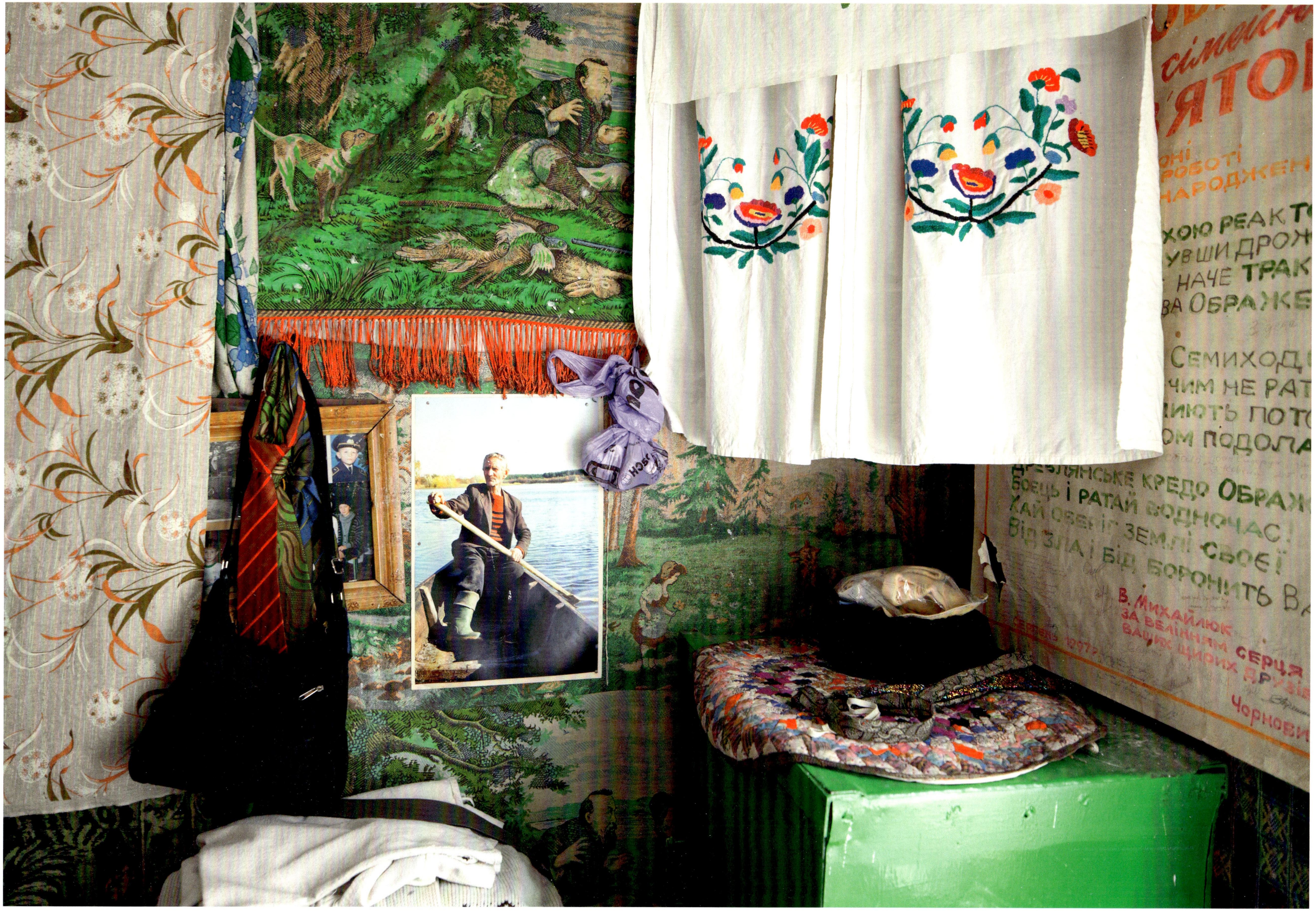
Боєць і ратай водночас!
Хай оберіг землі своє!
В. Михайлюк

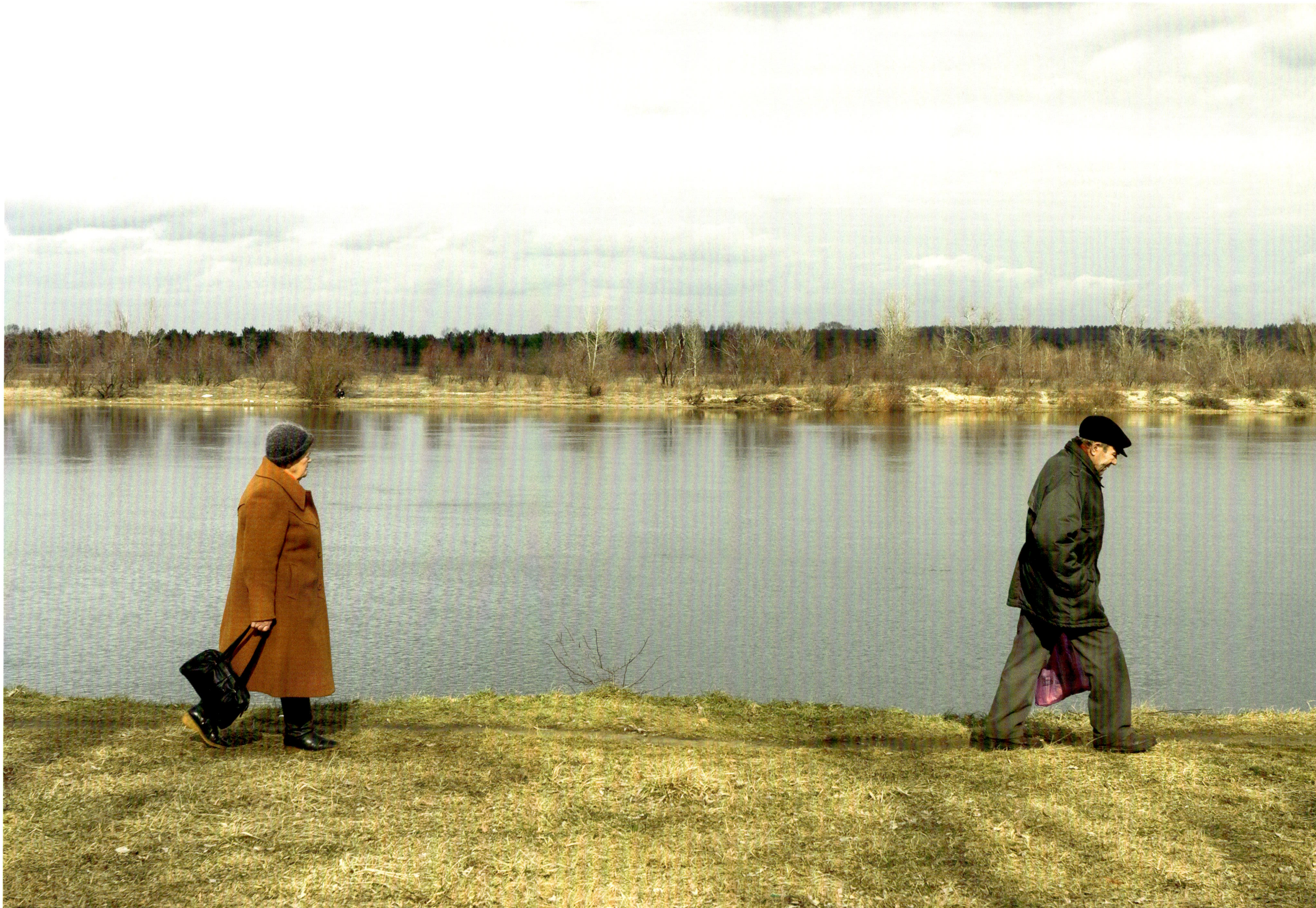

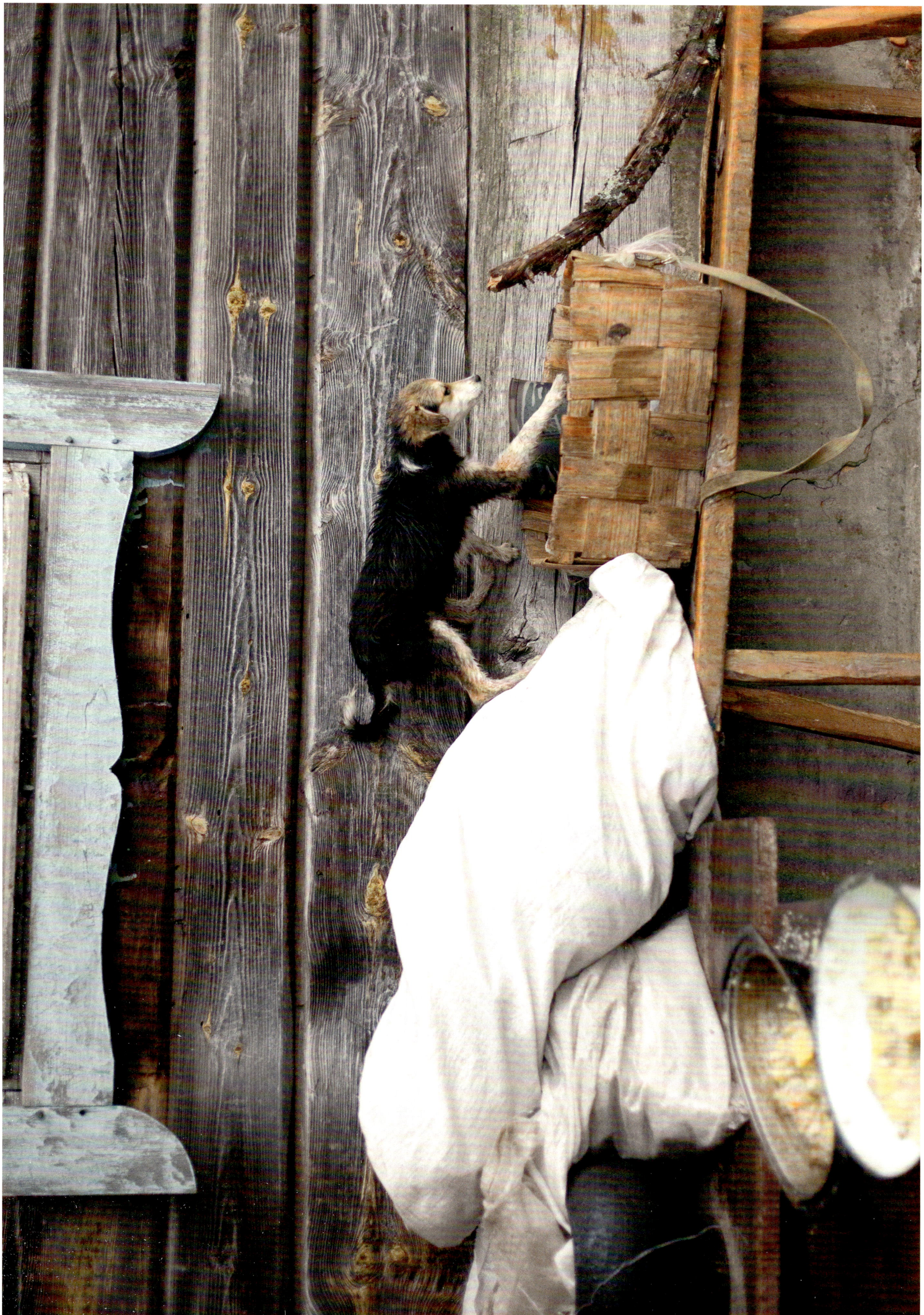

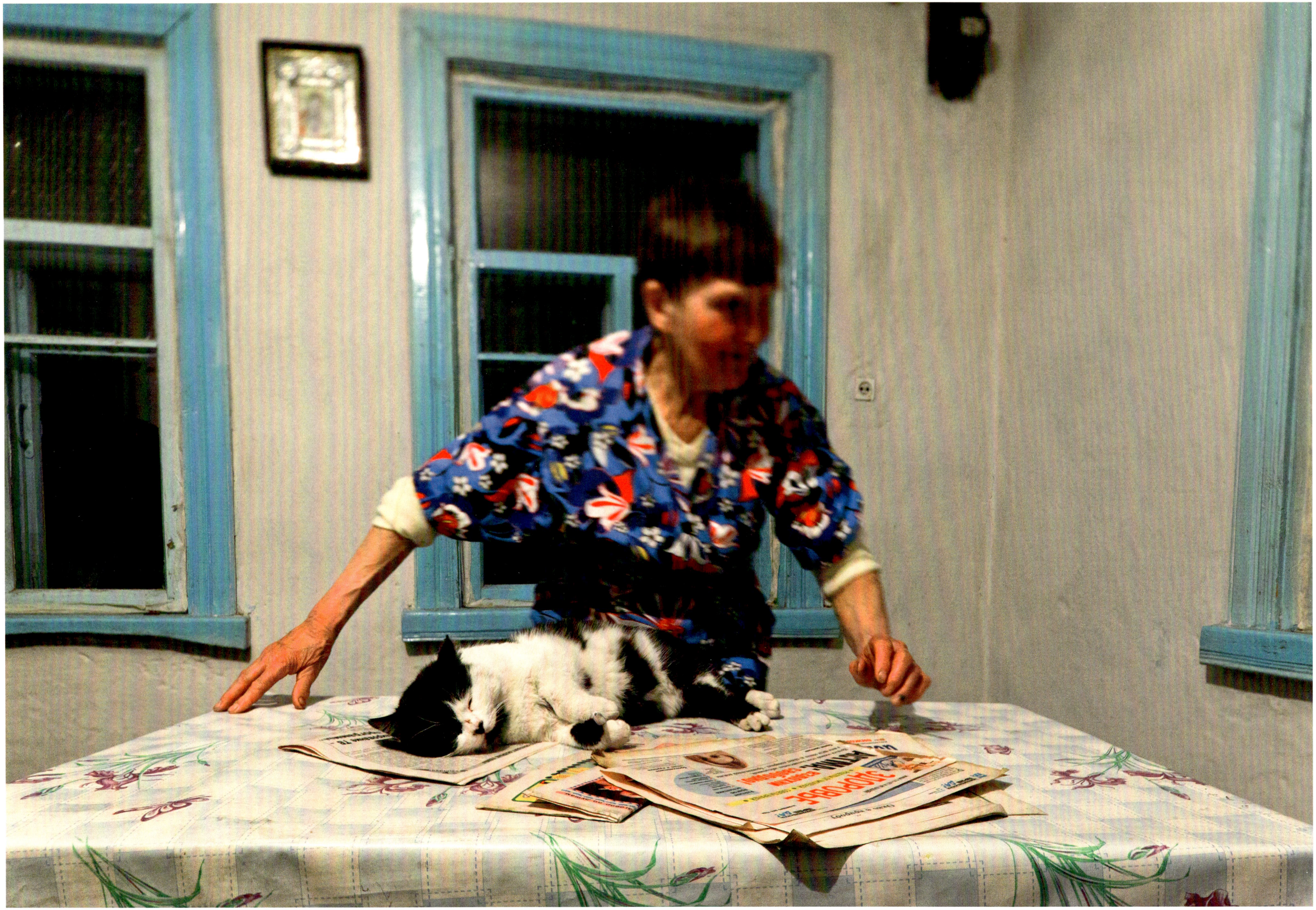

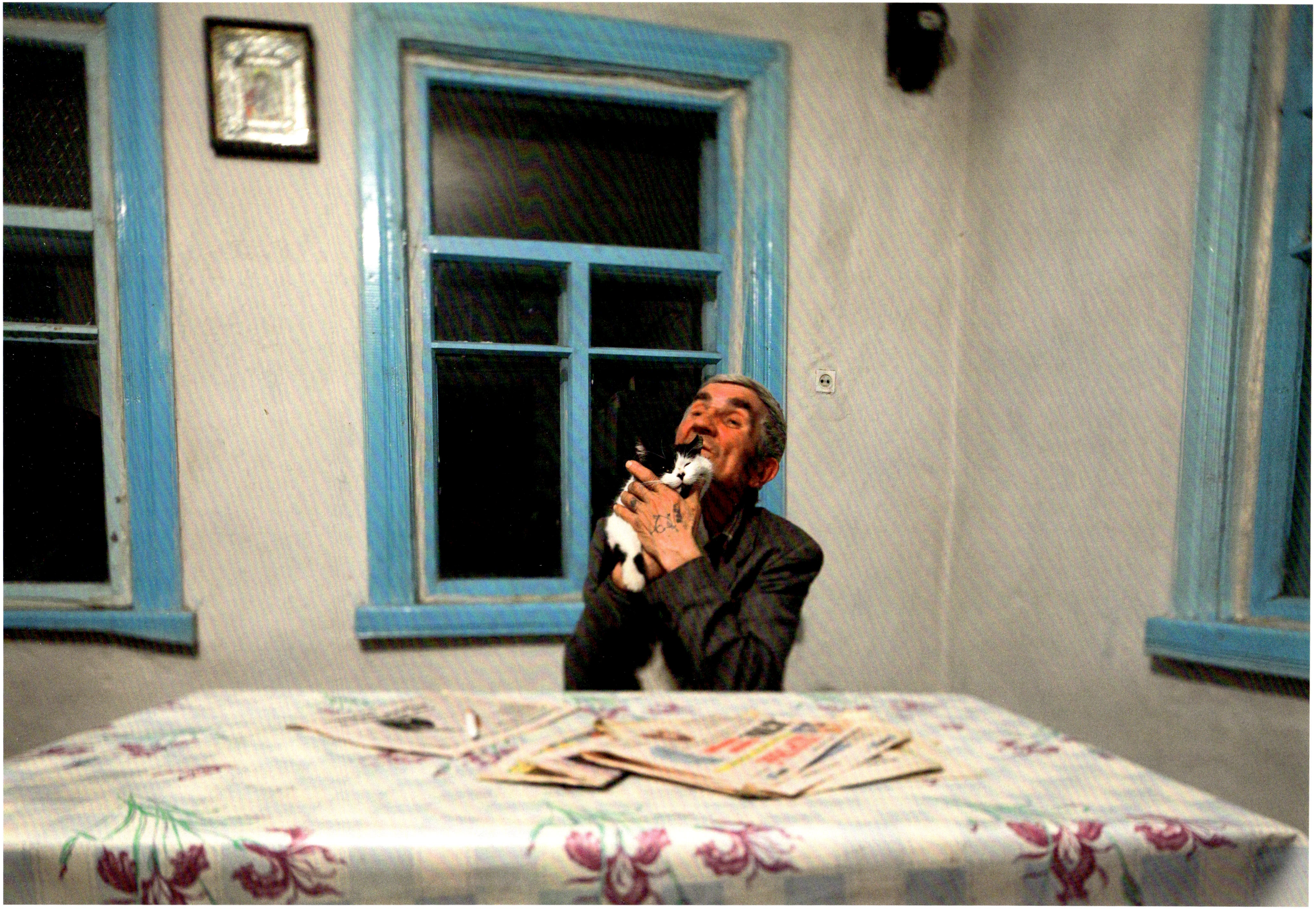

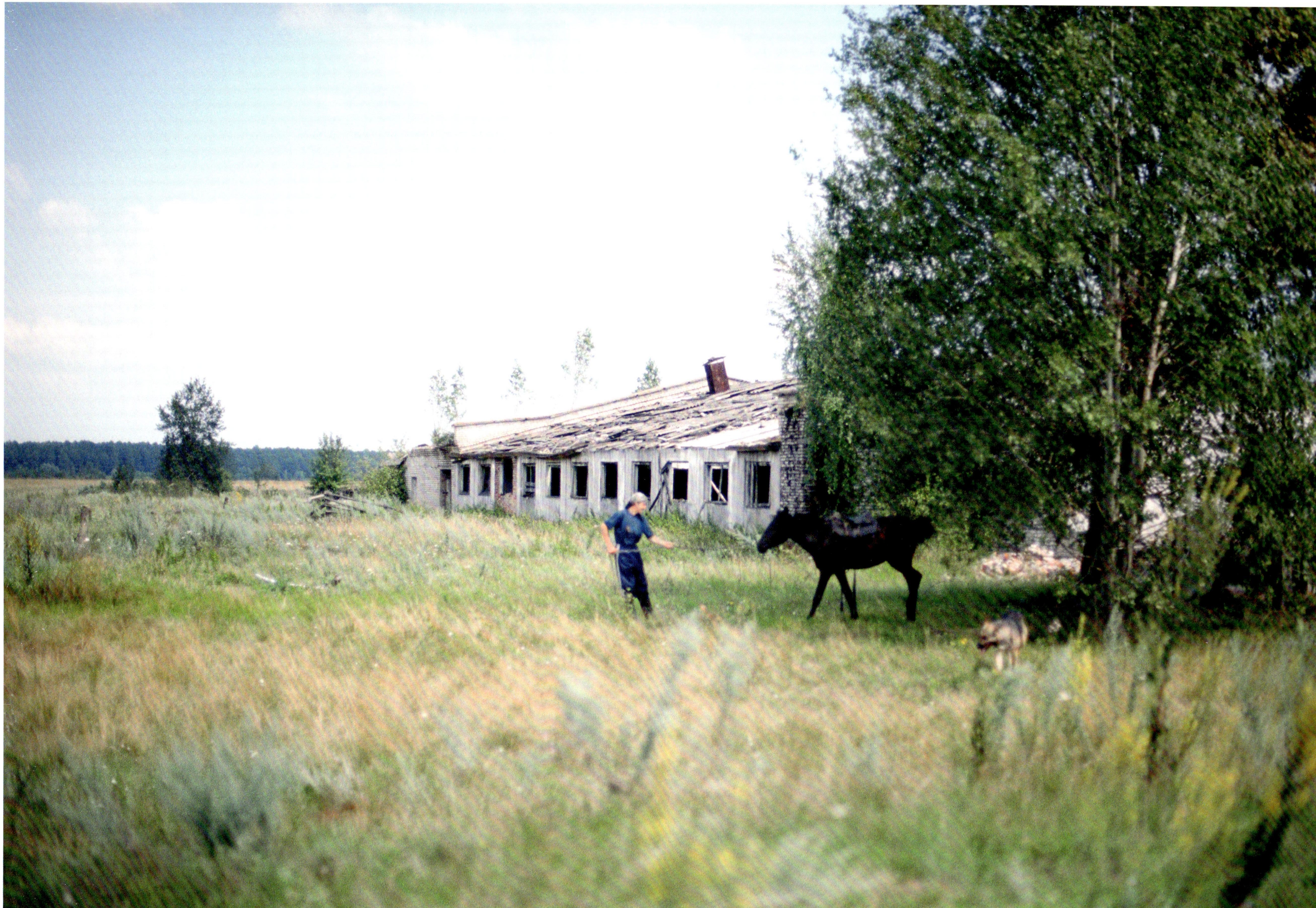

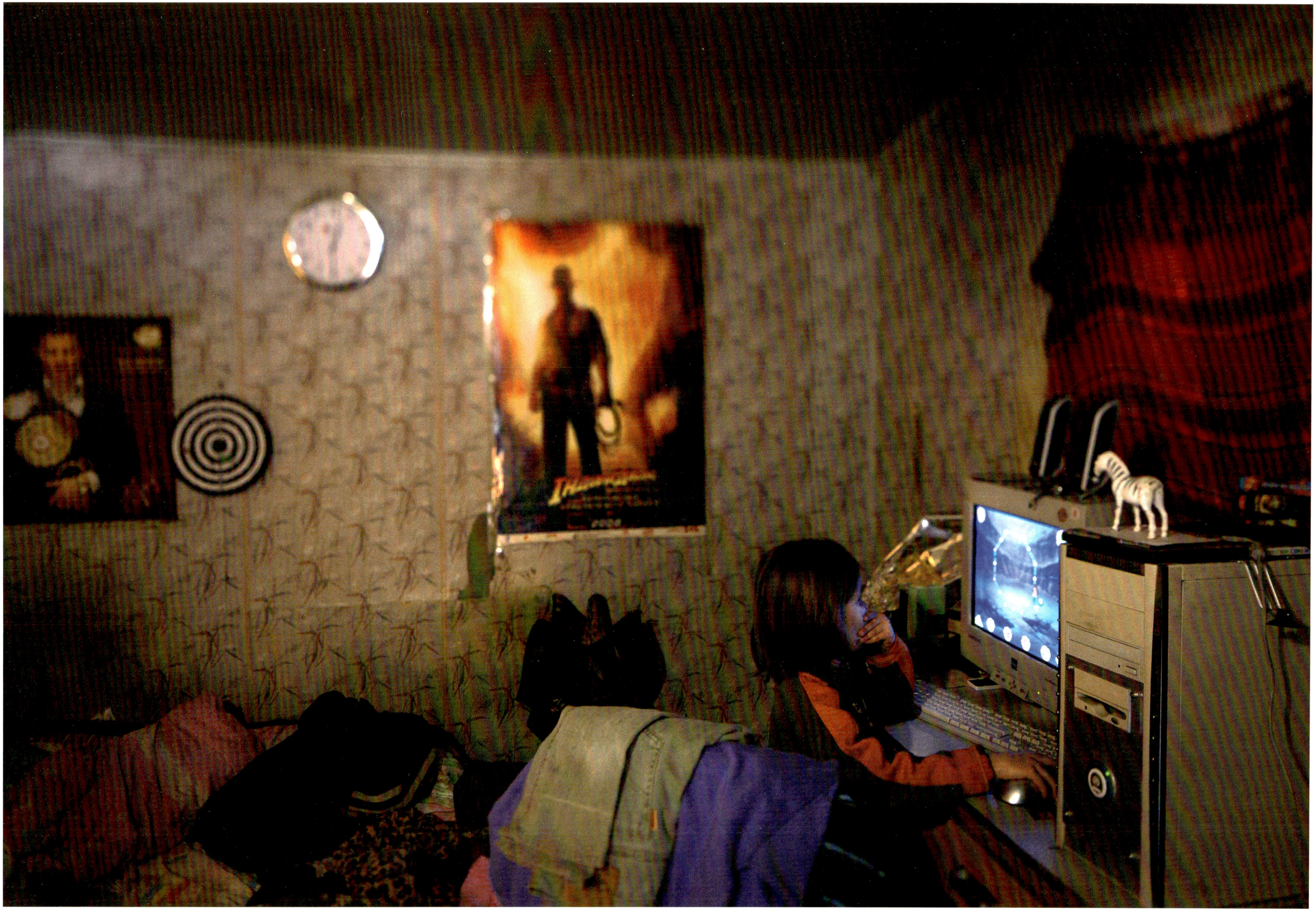

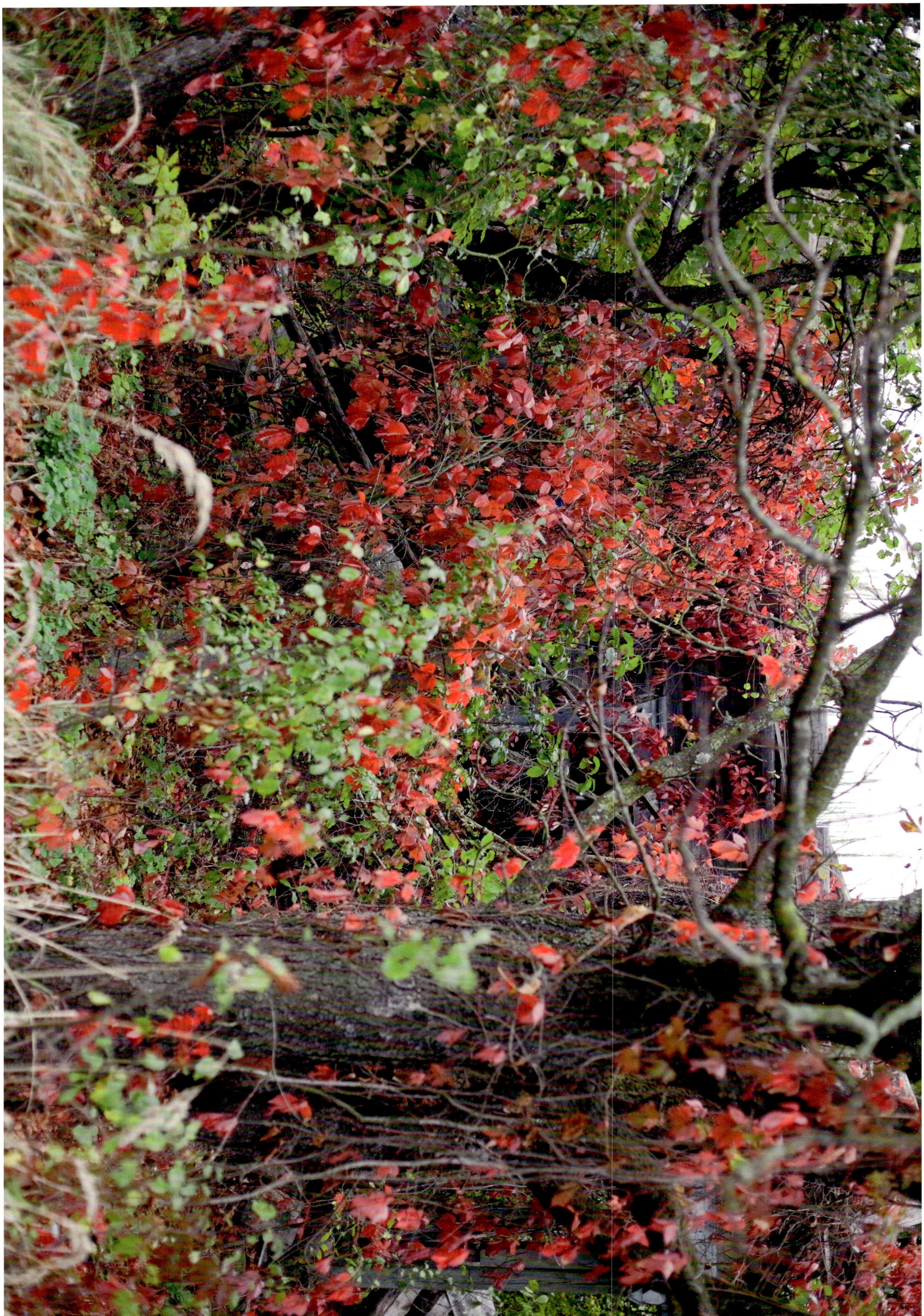

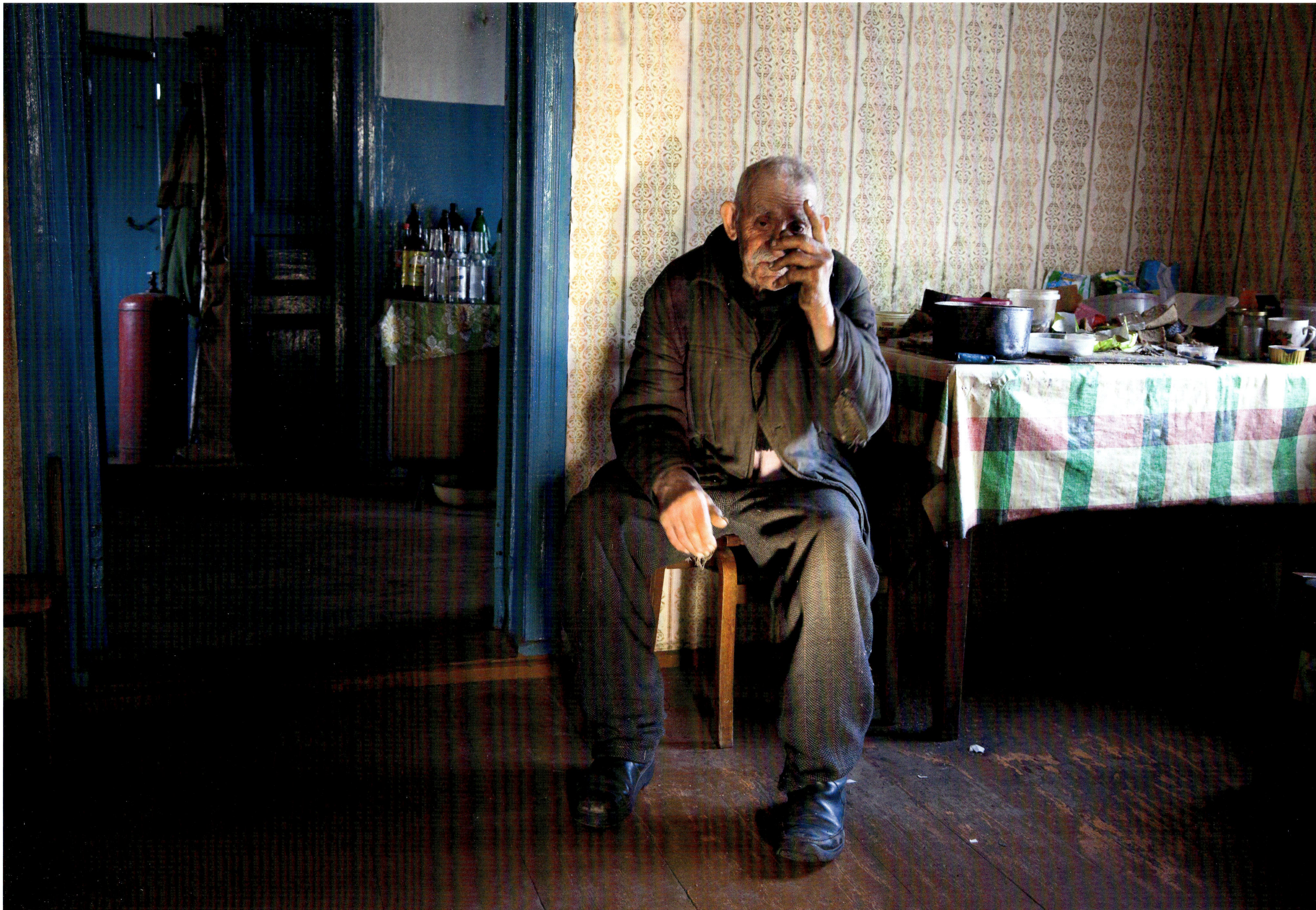

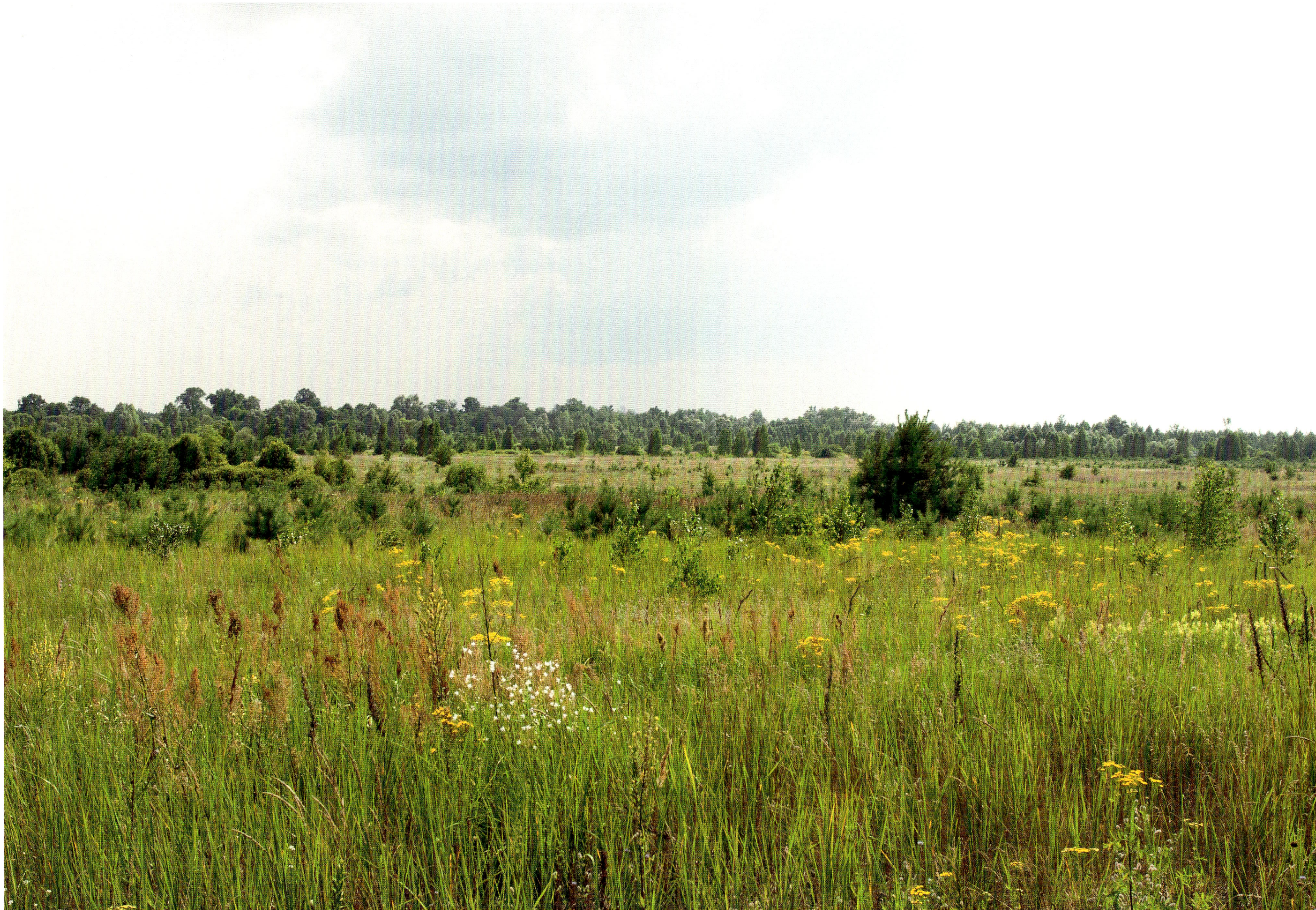

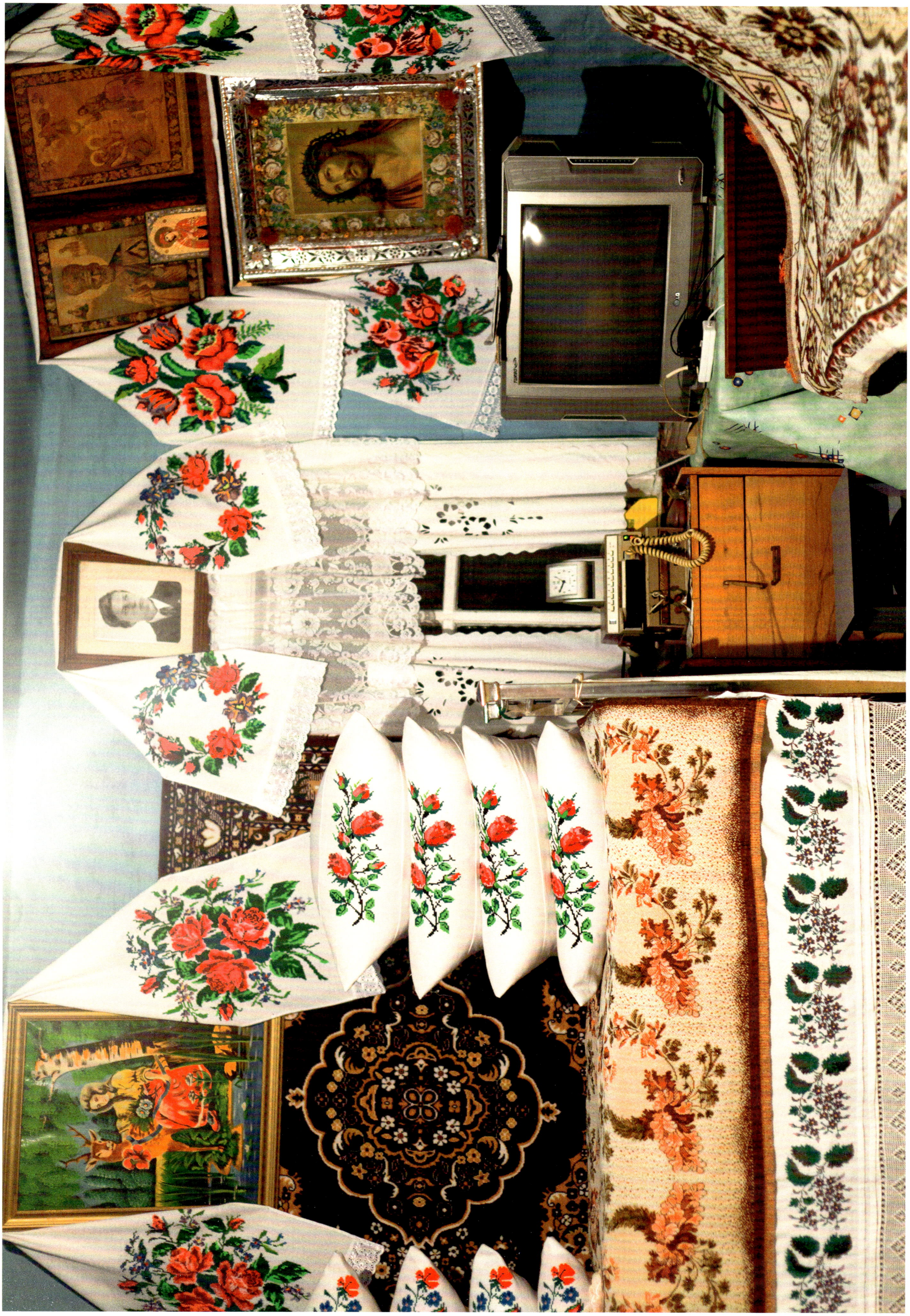

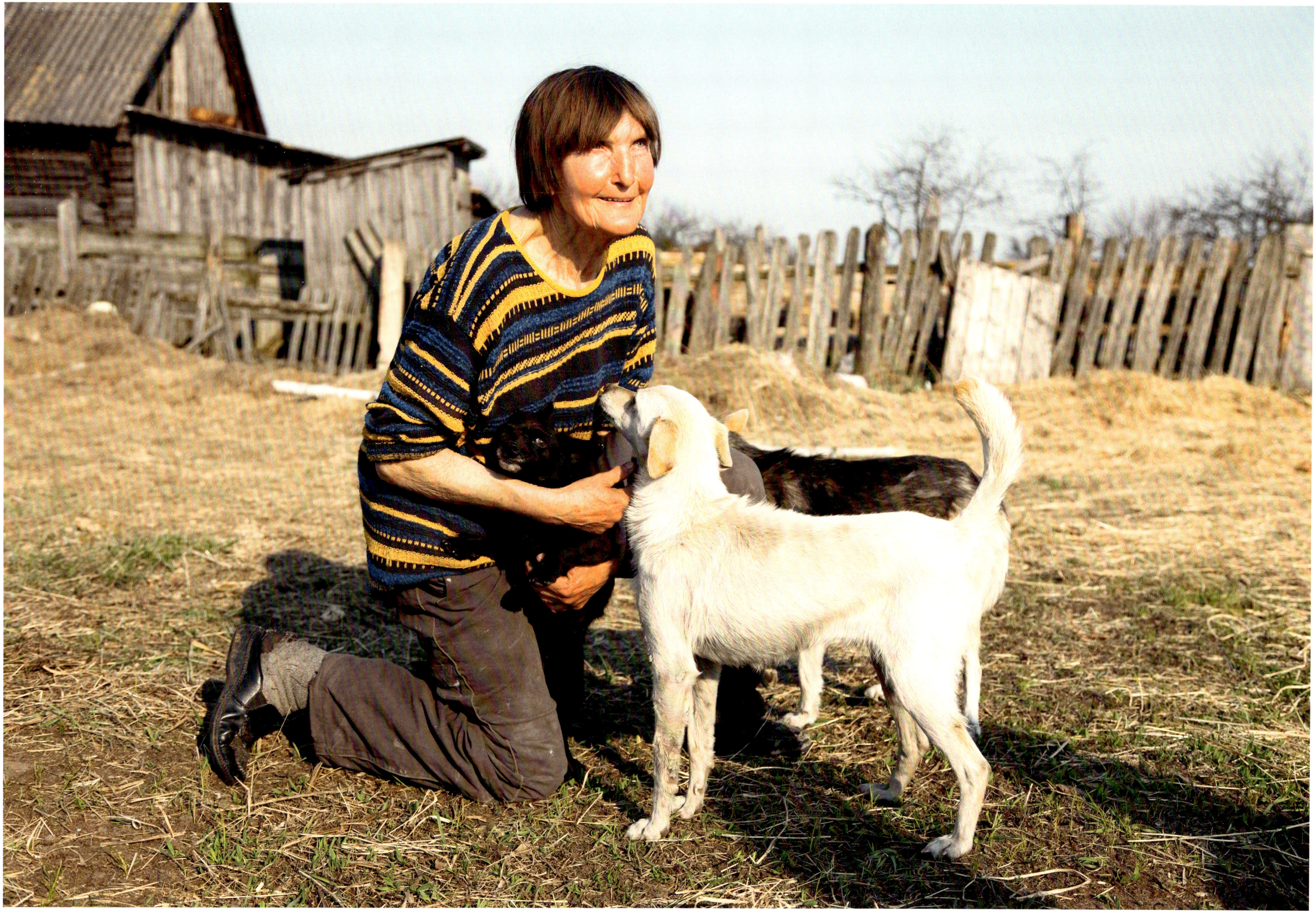

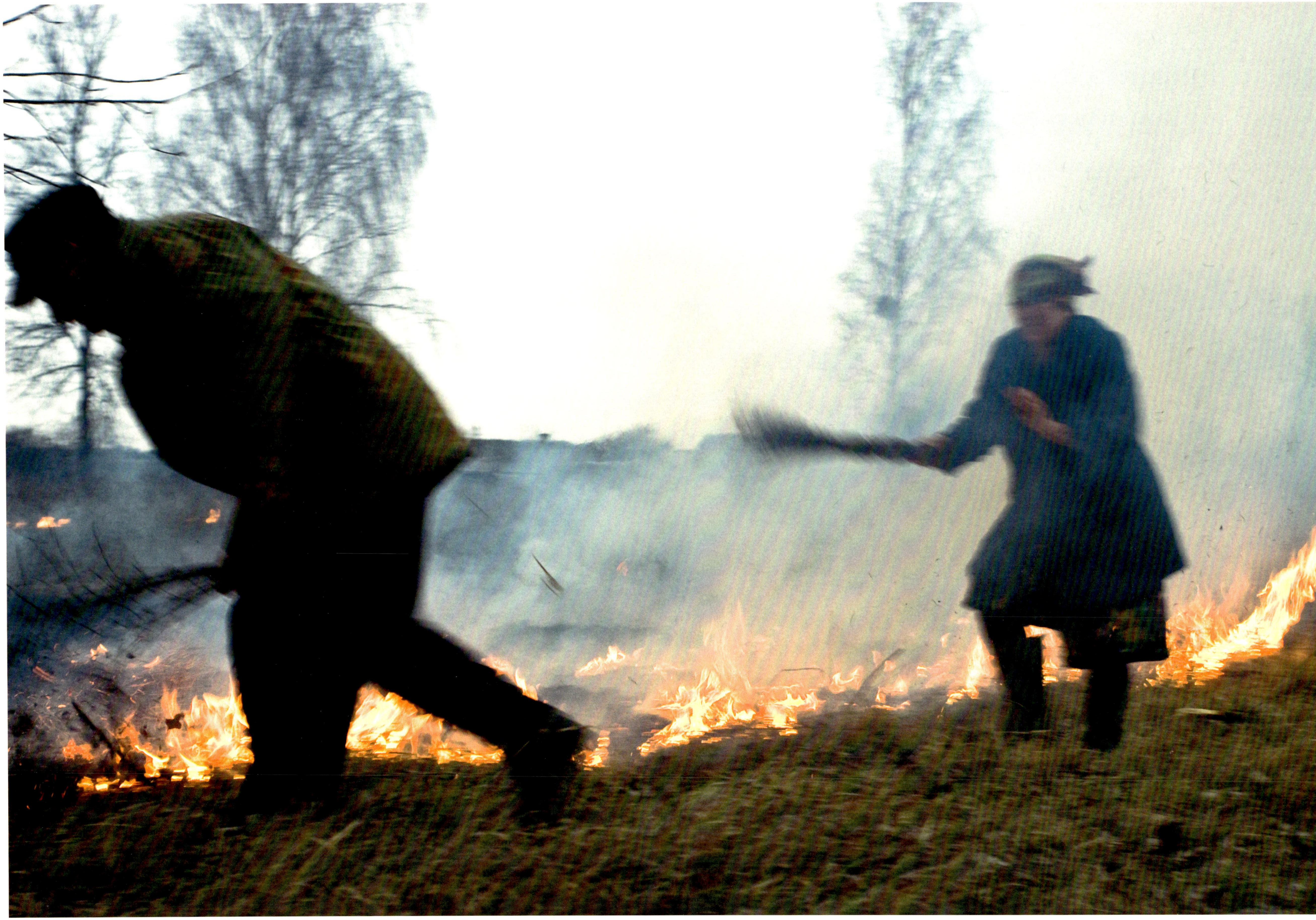

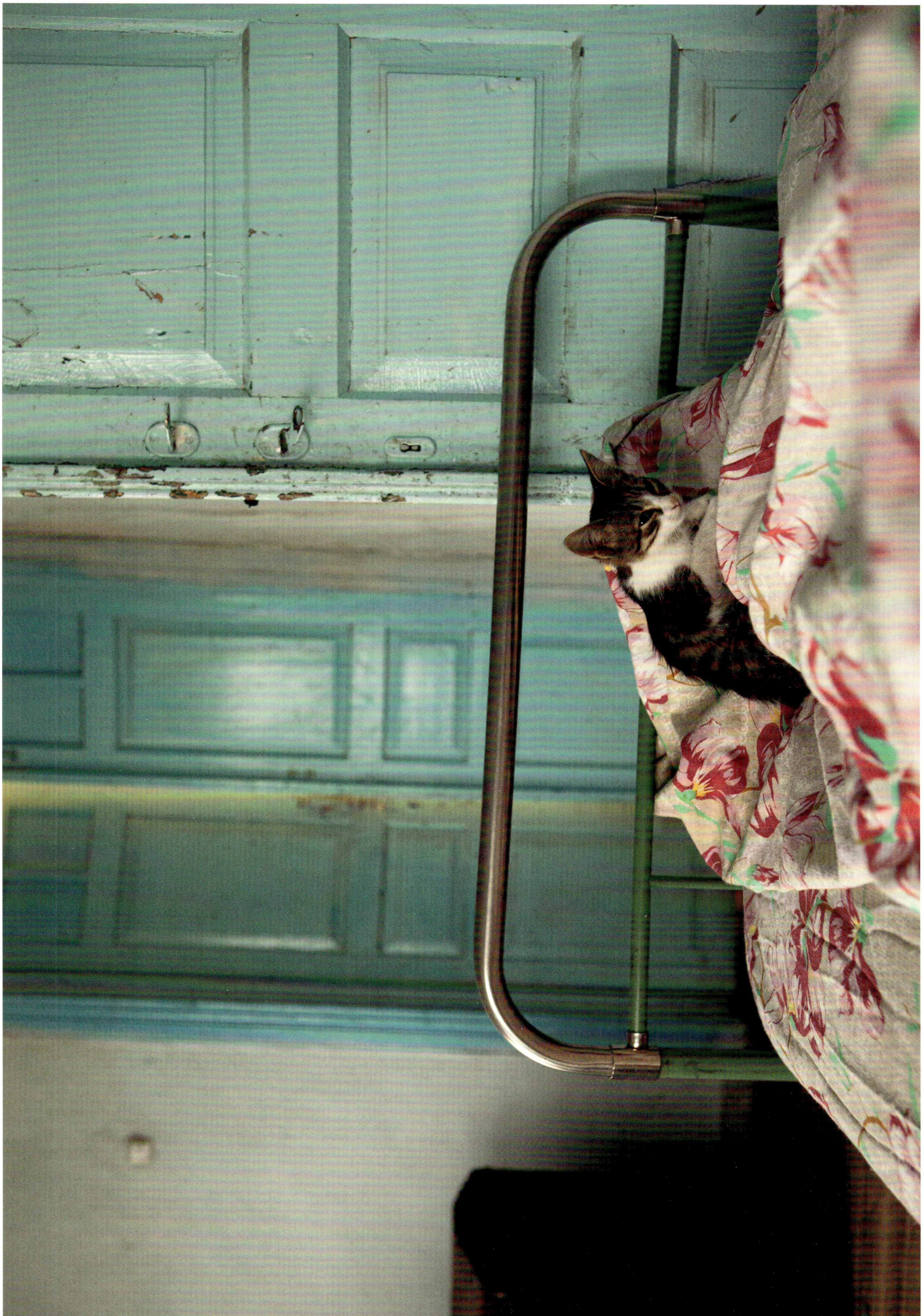

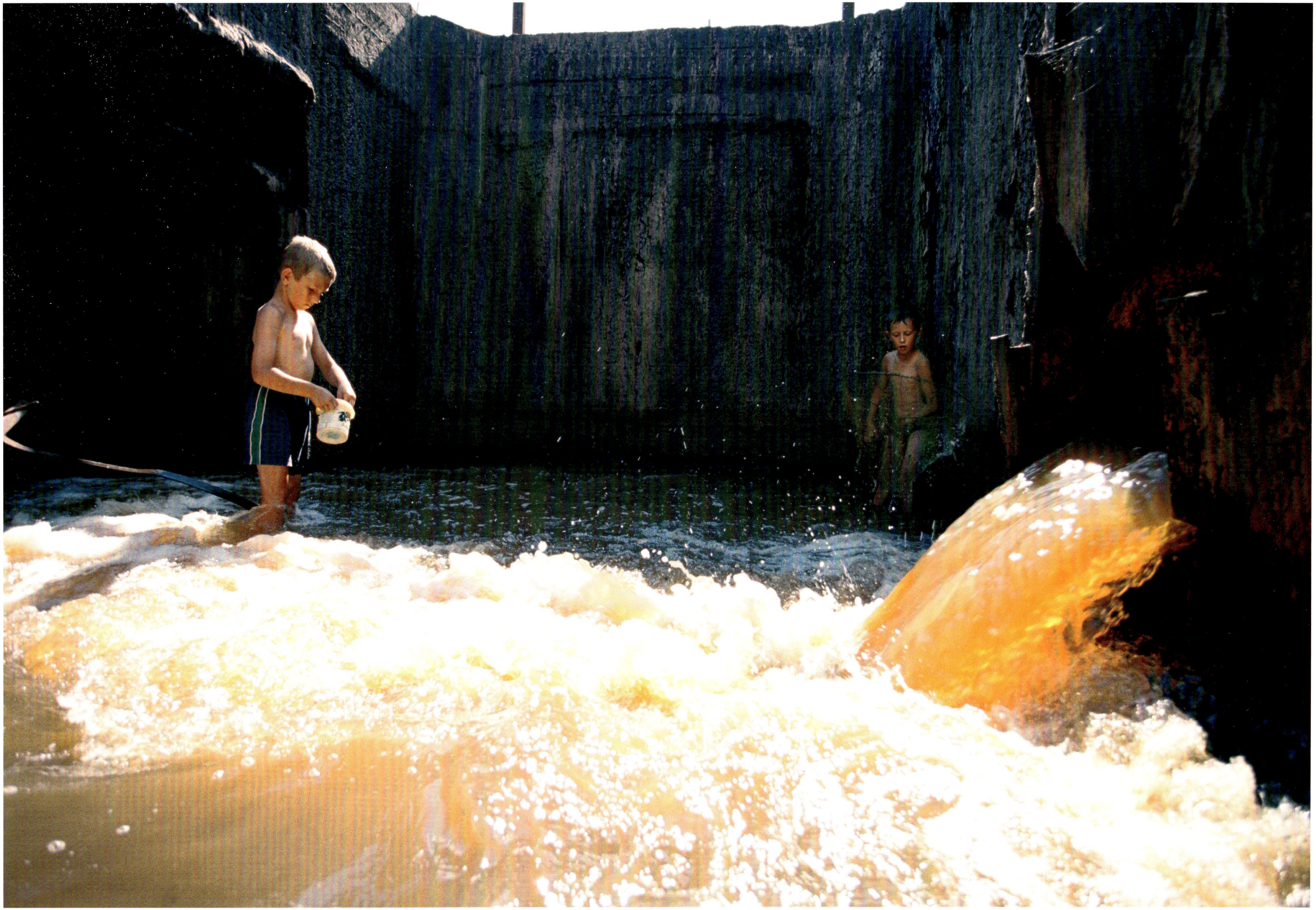

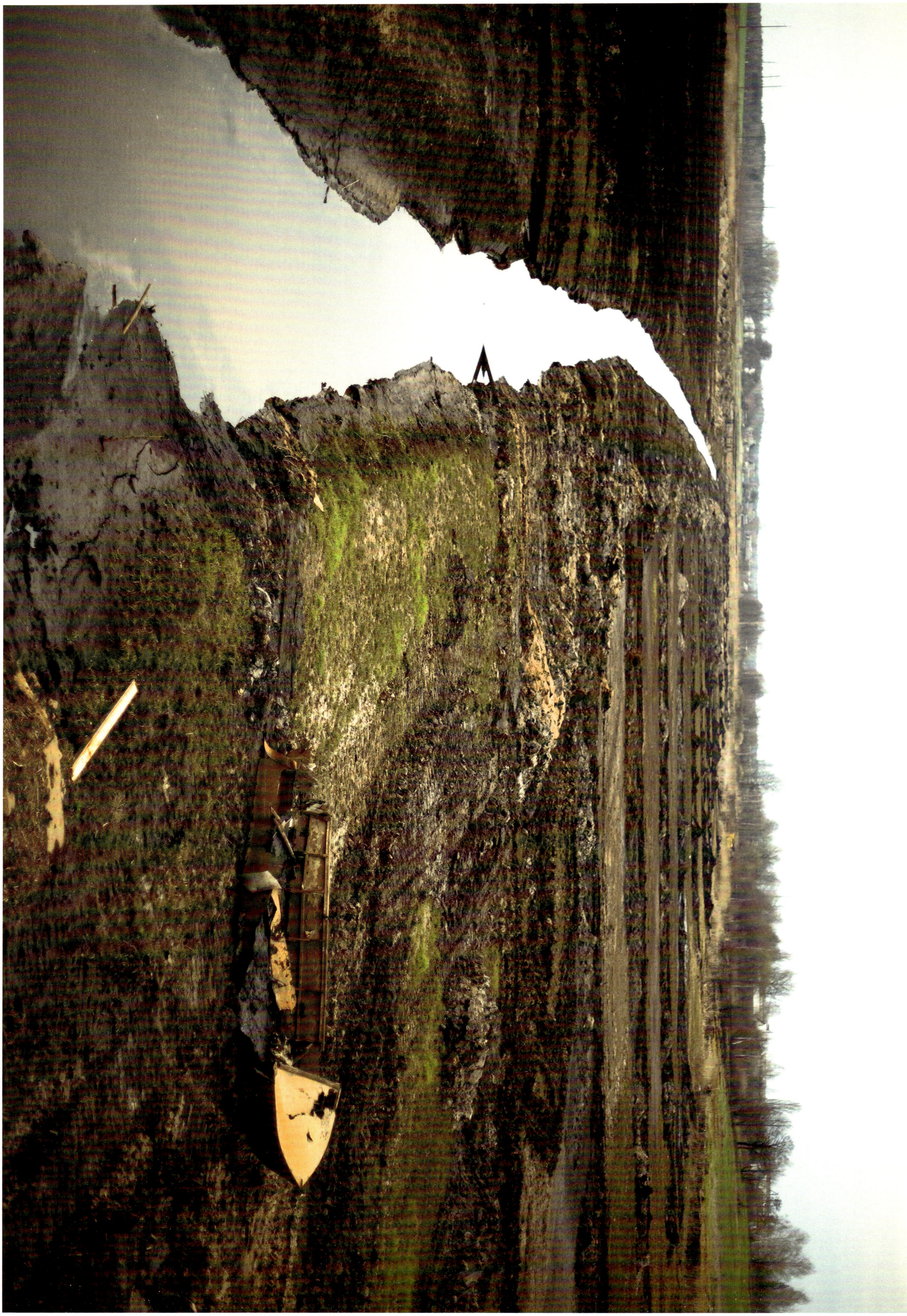

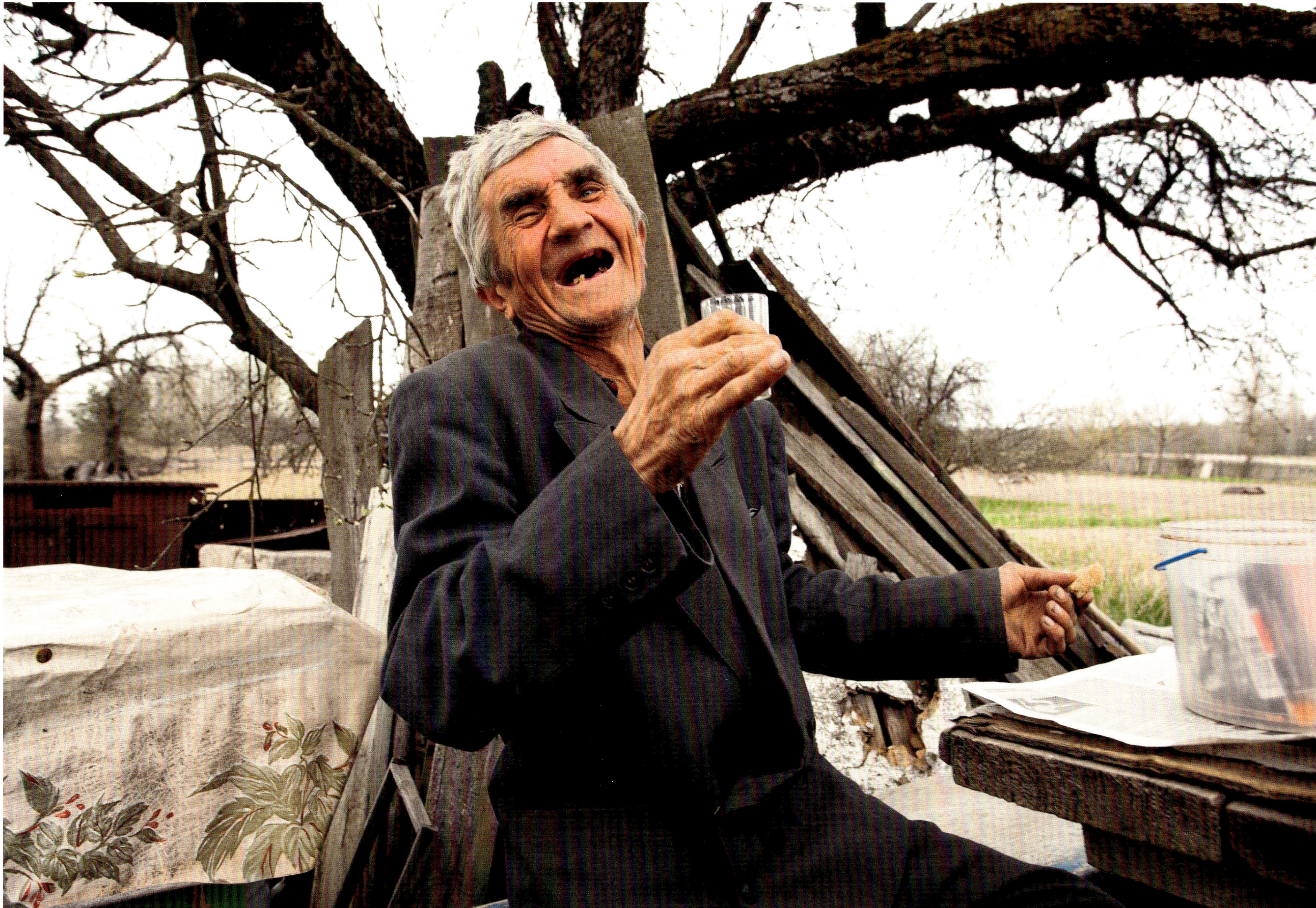

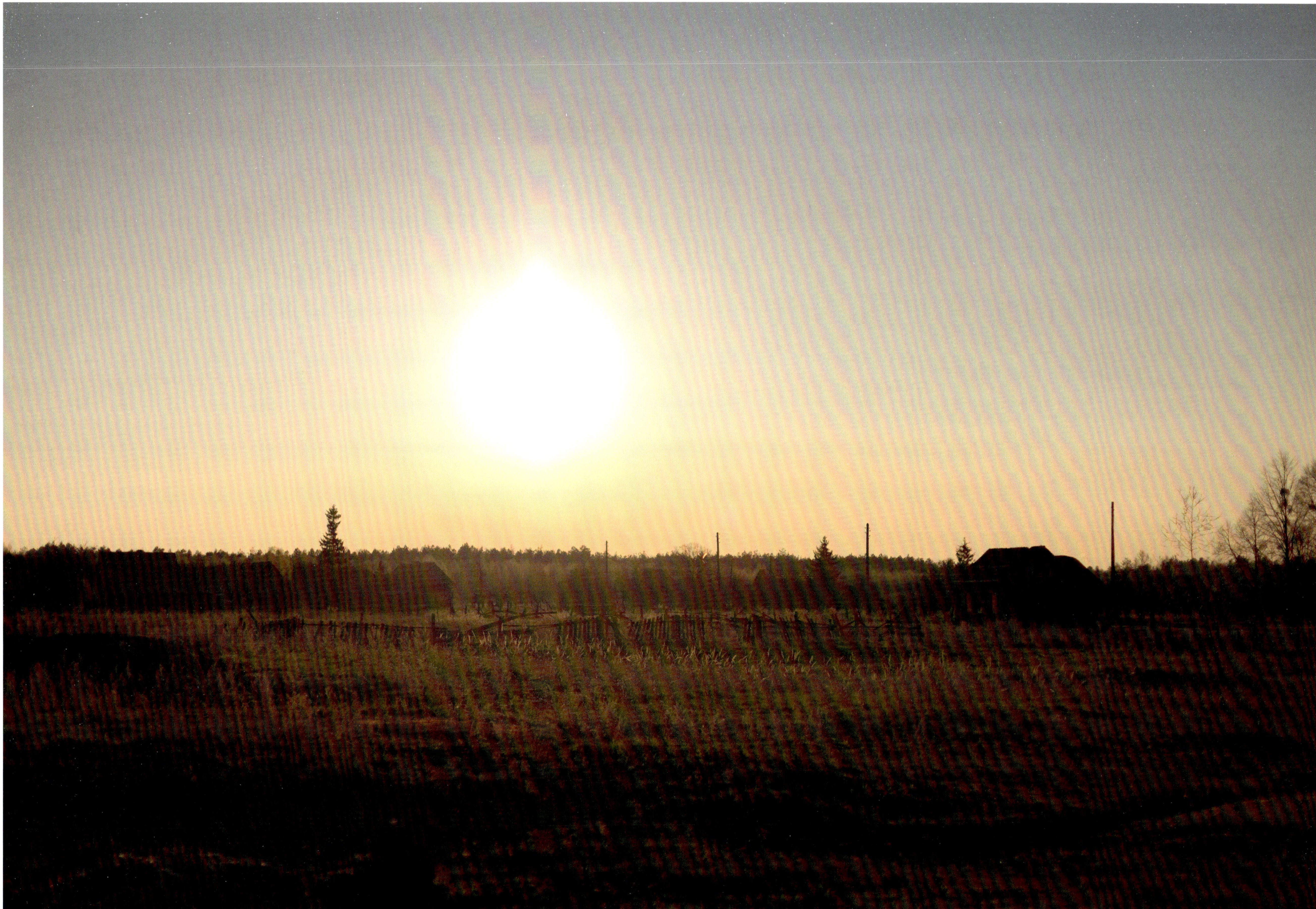

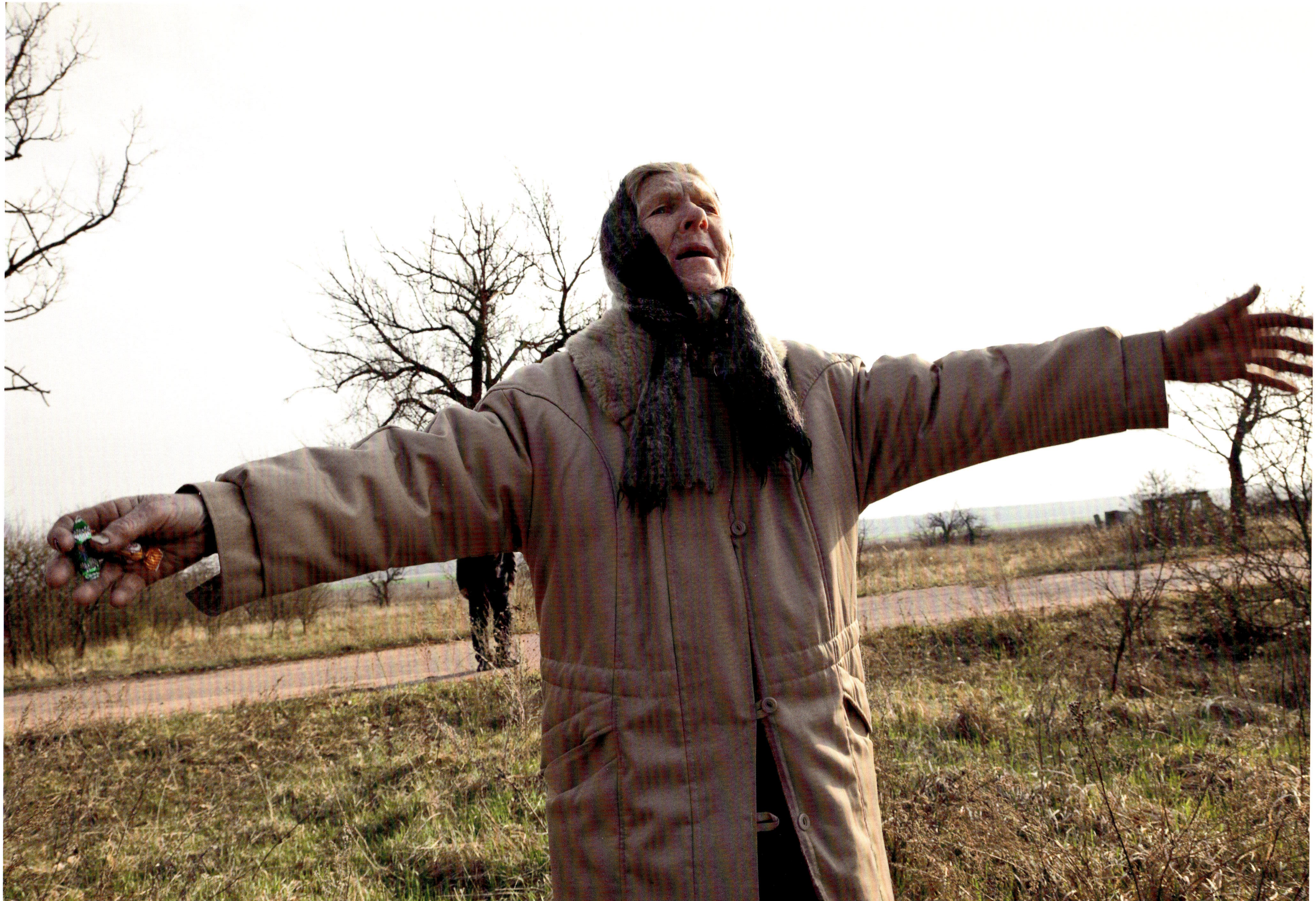

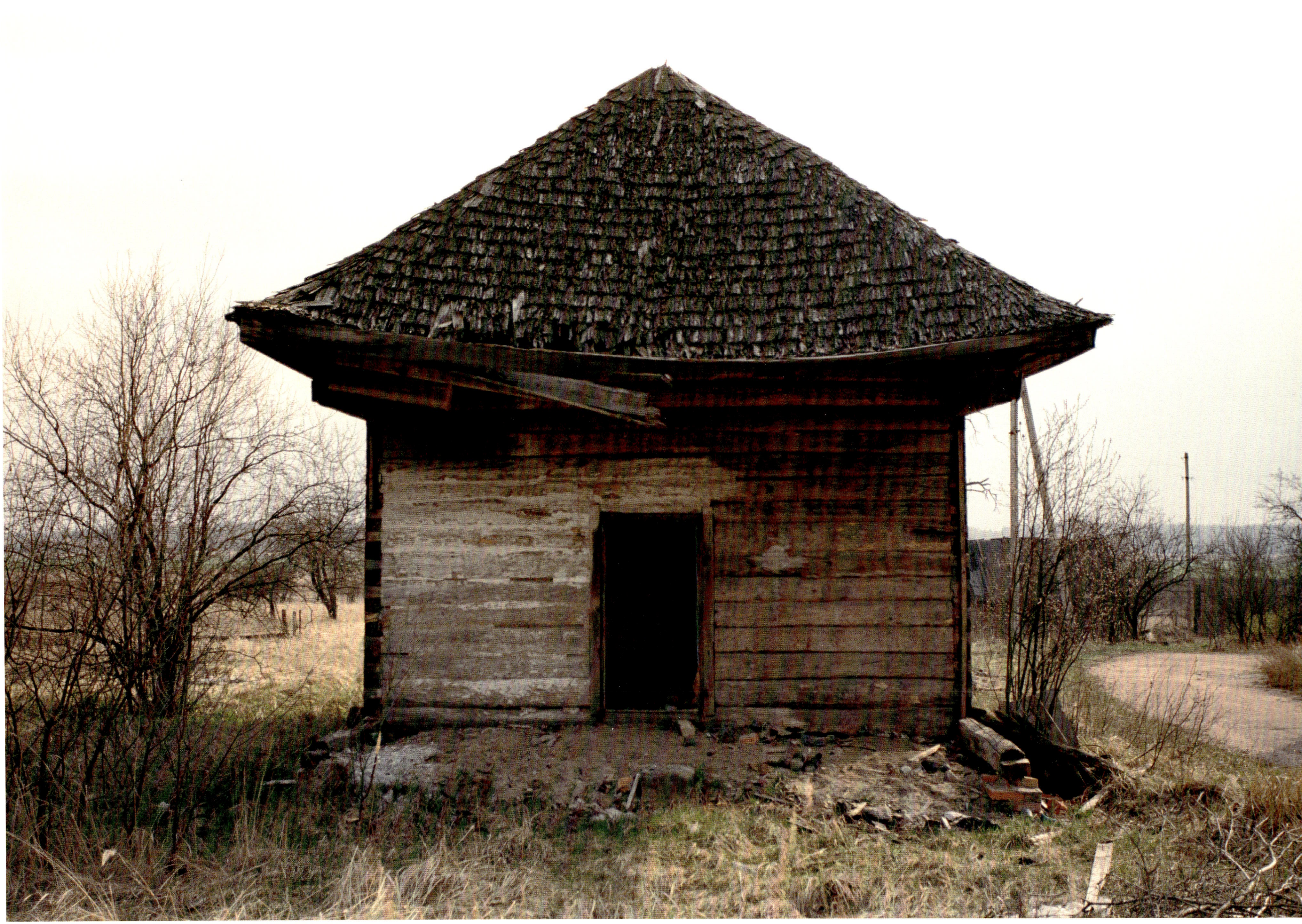

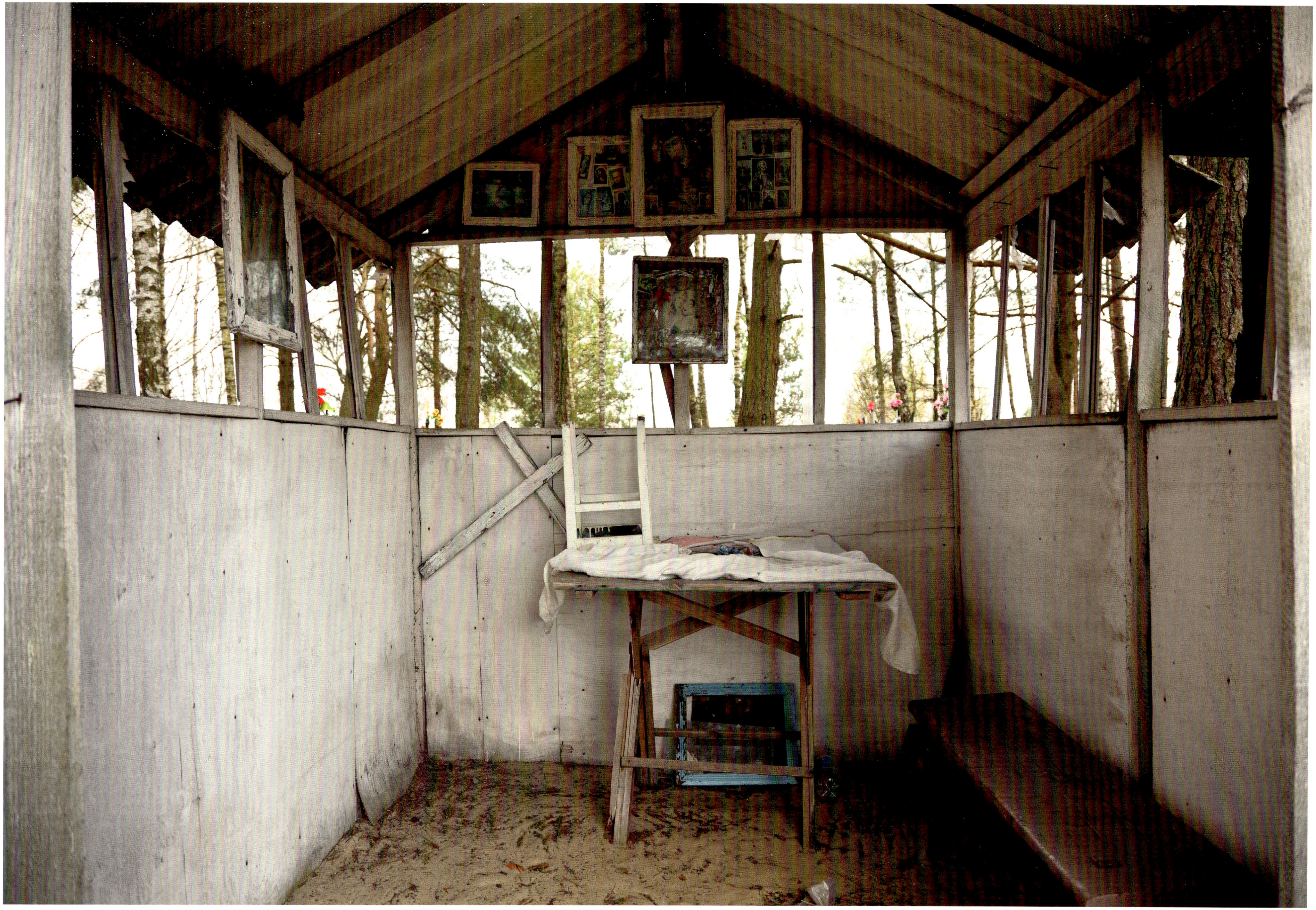

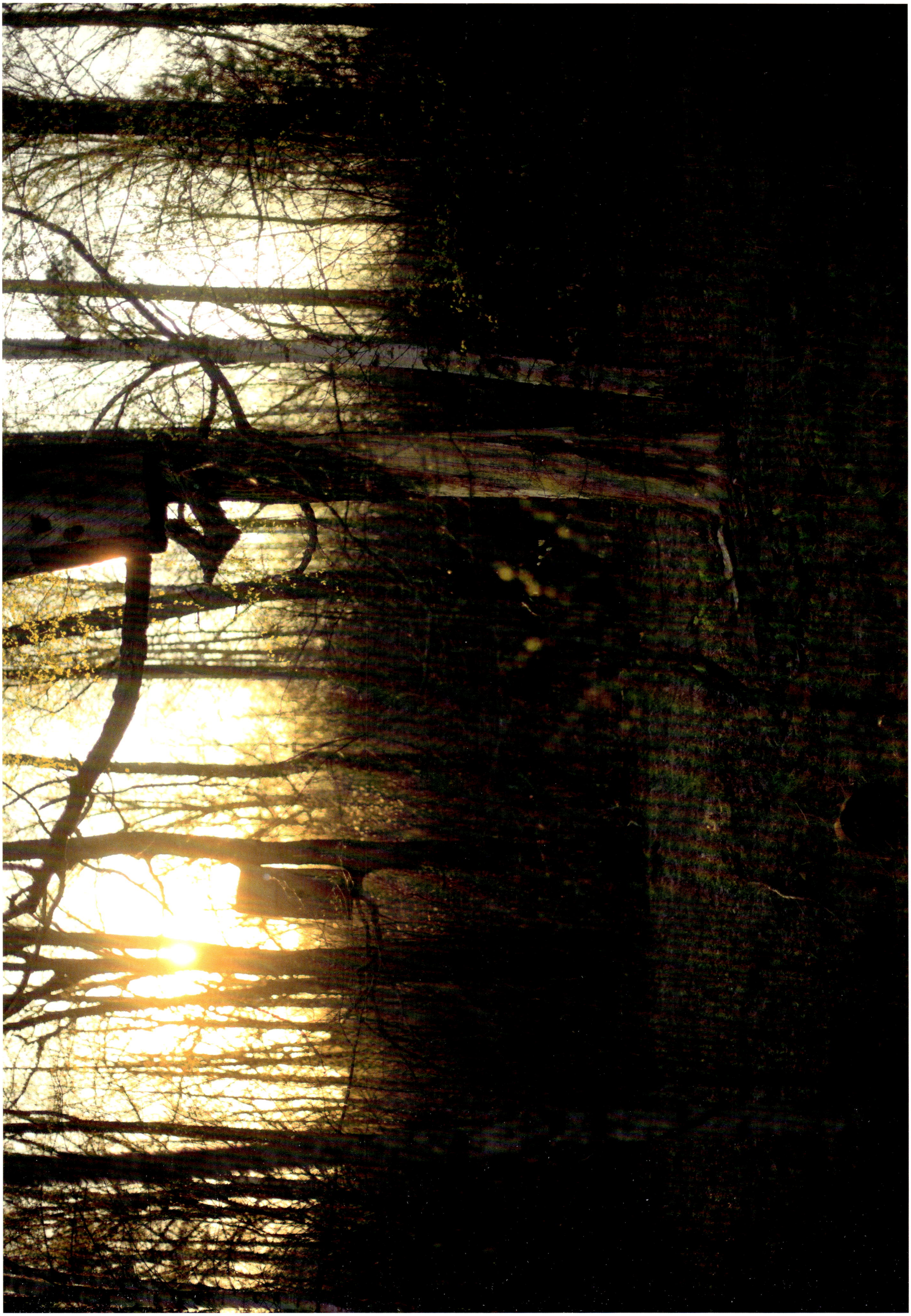

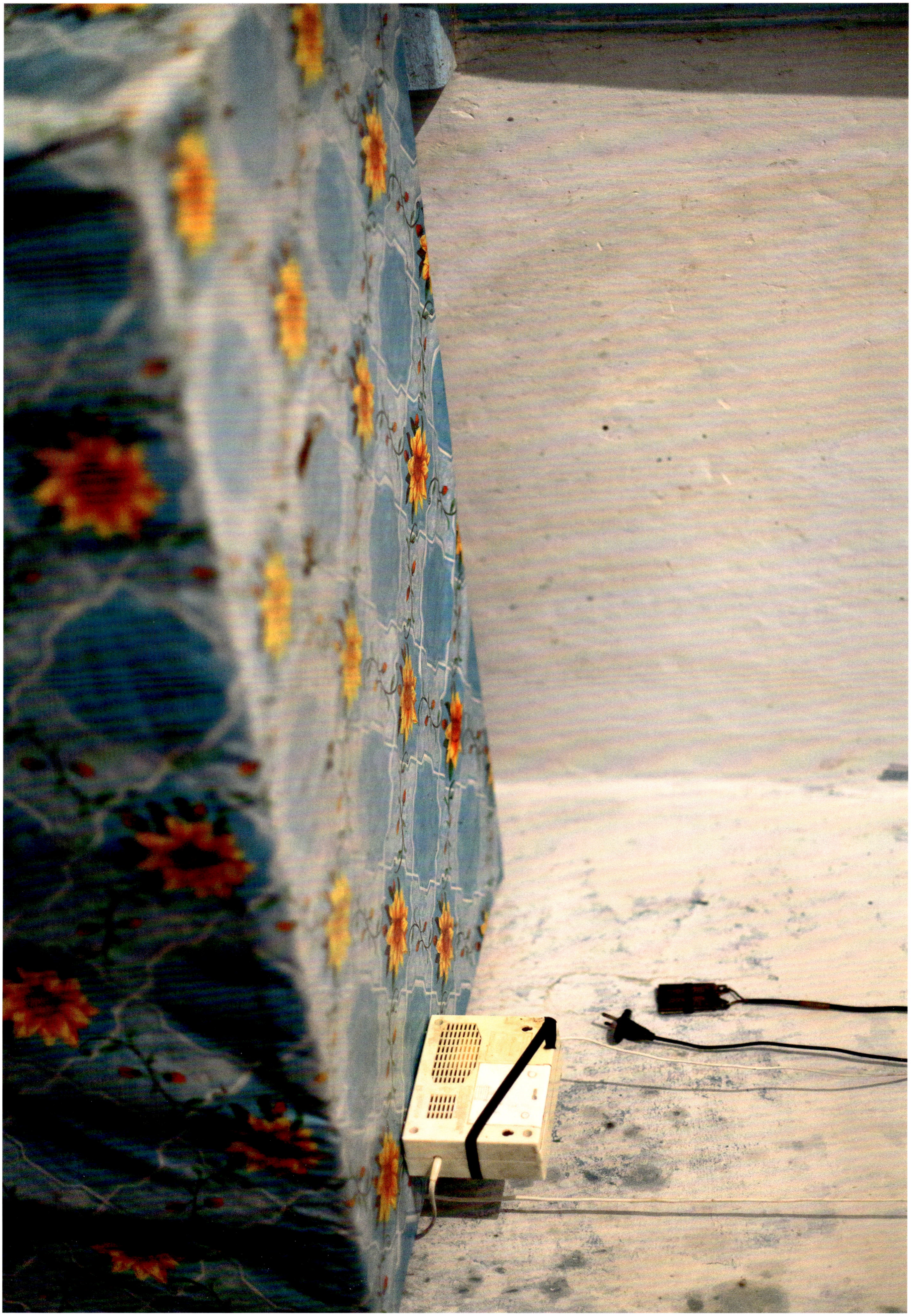

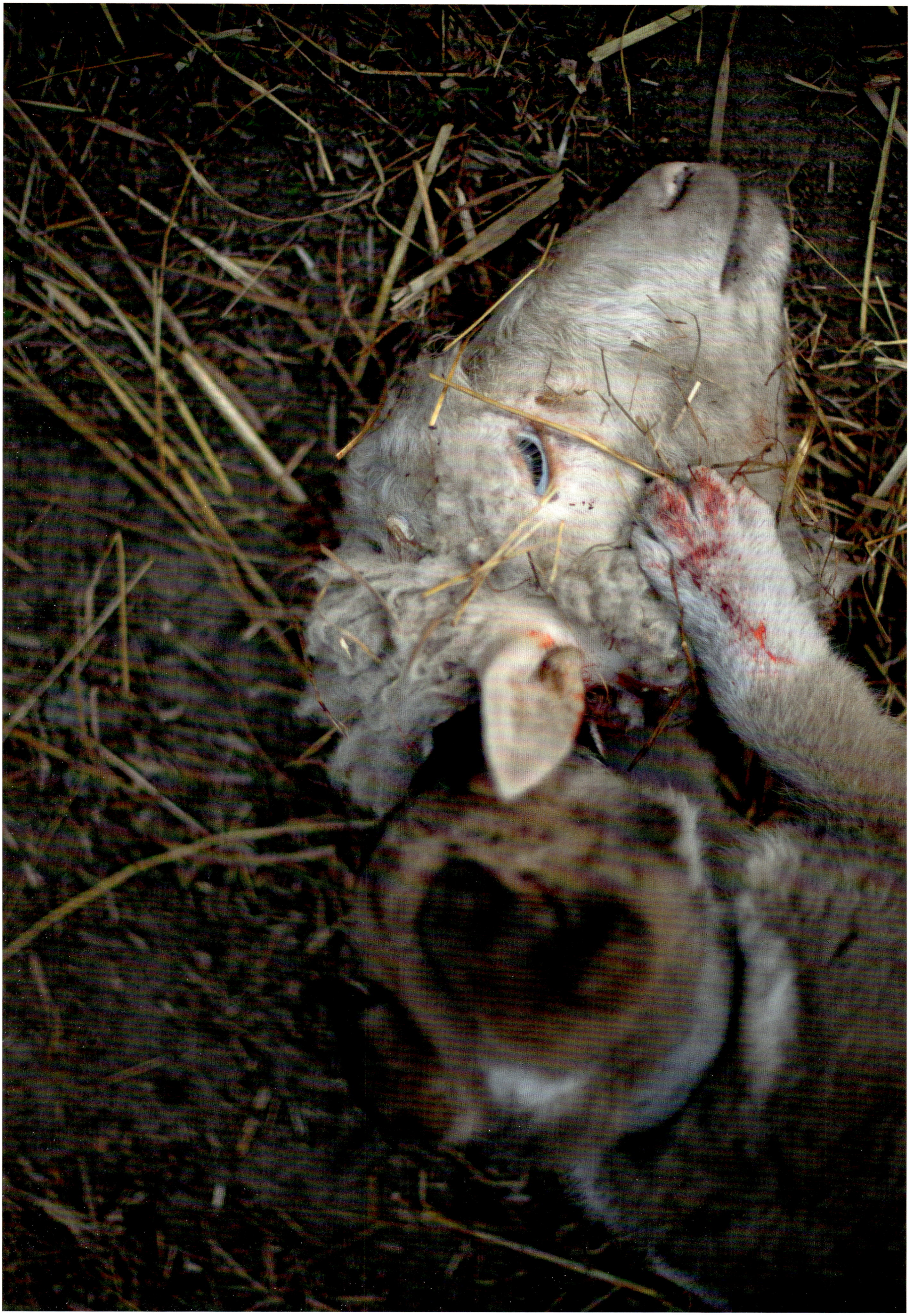

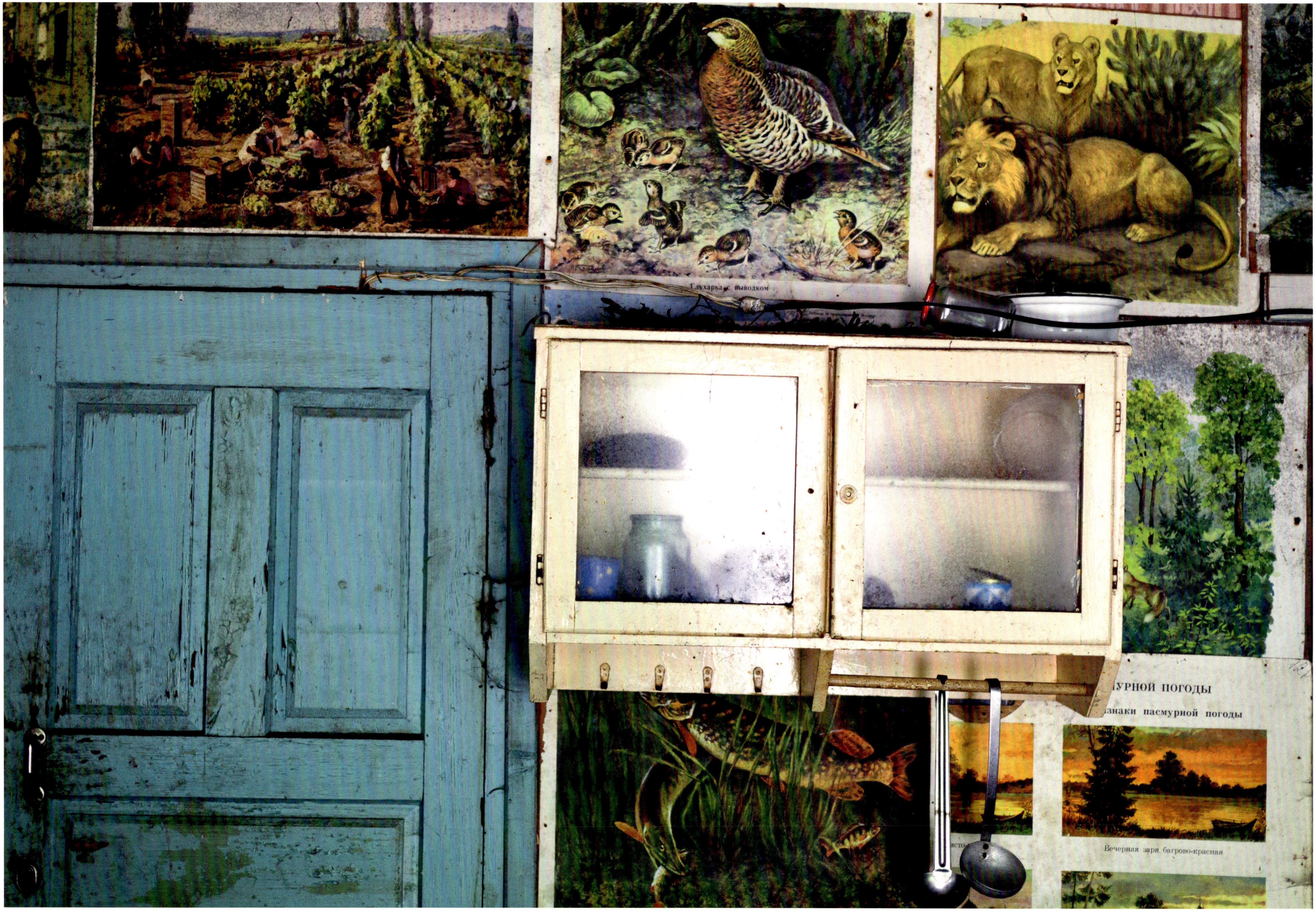
Глухарка с выводком
Вечерняя заря багрово-красная

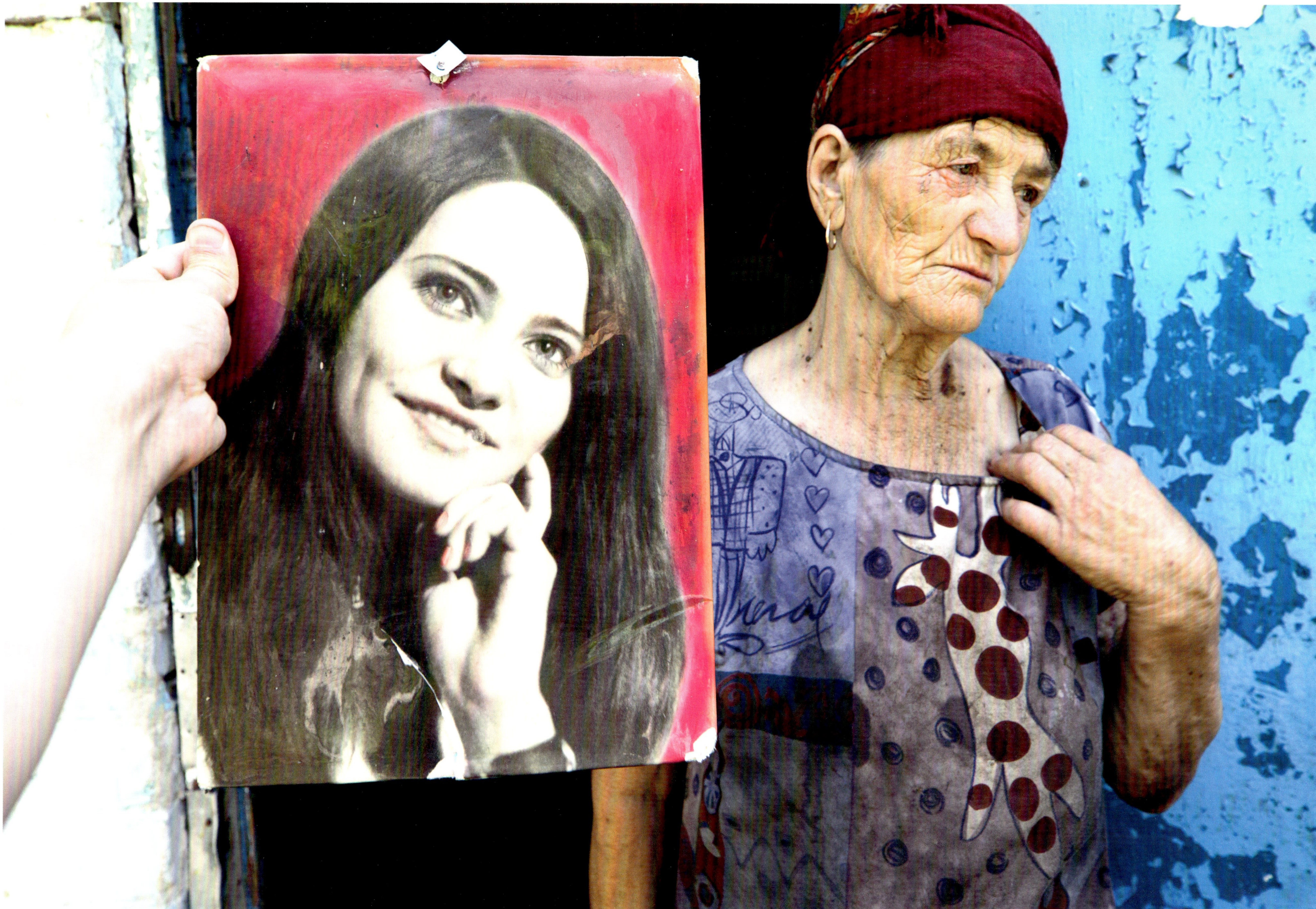

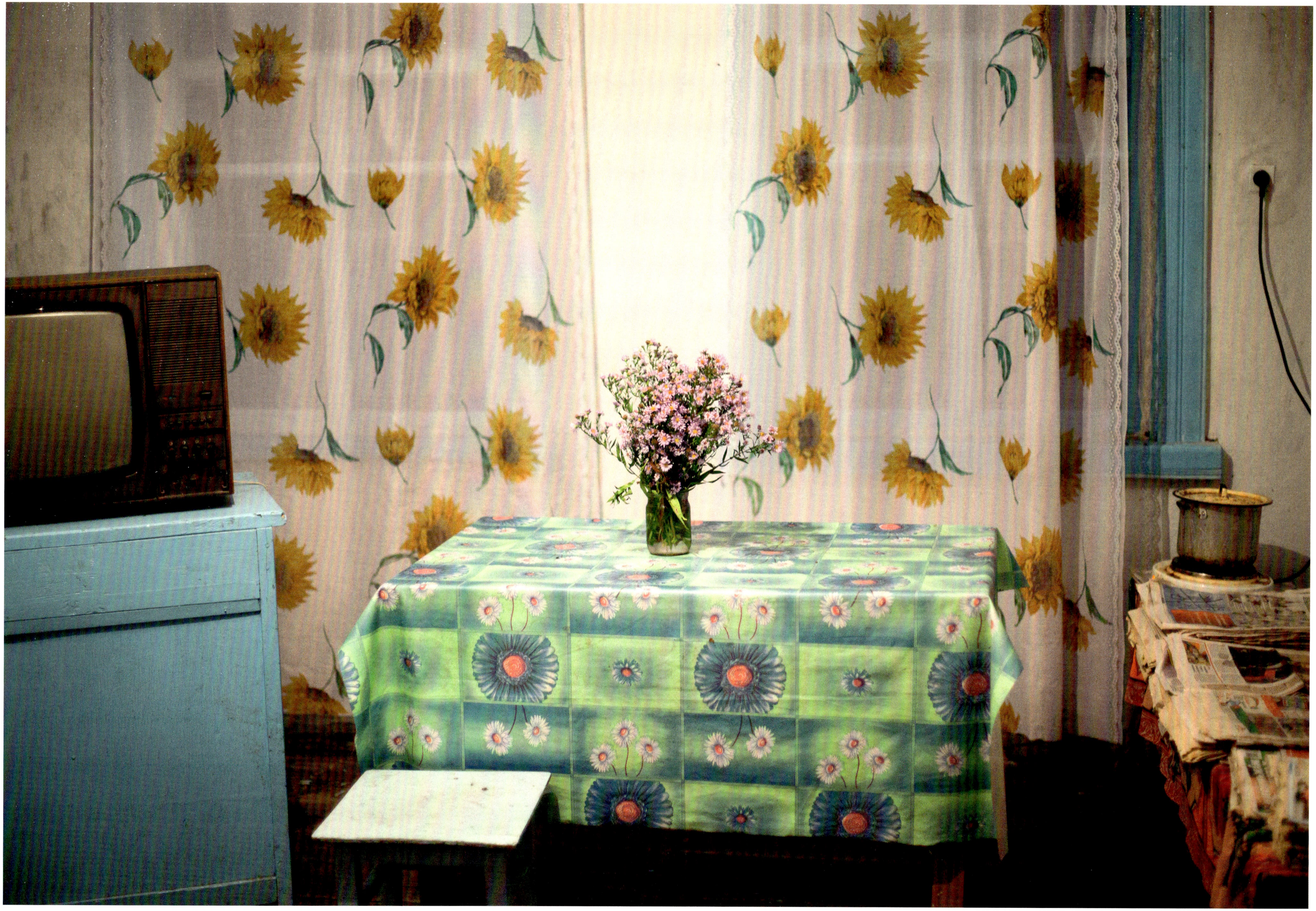

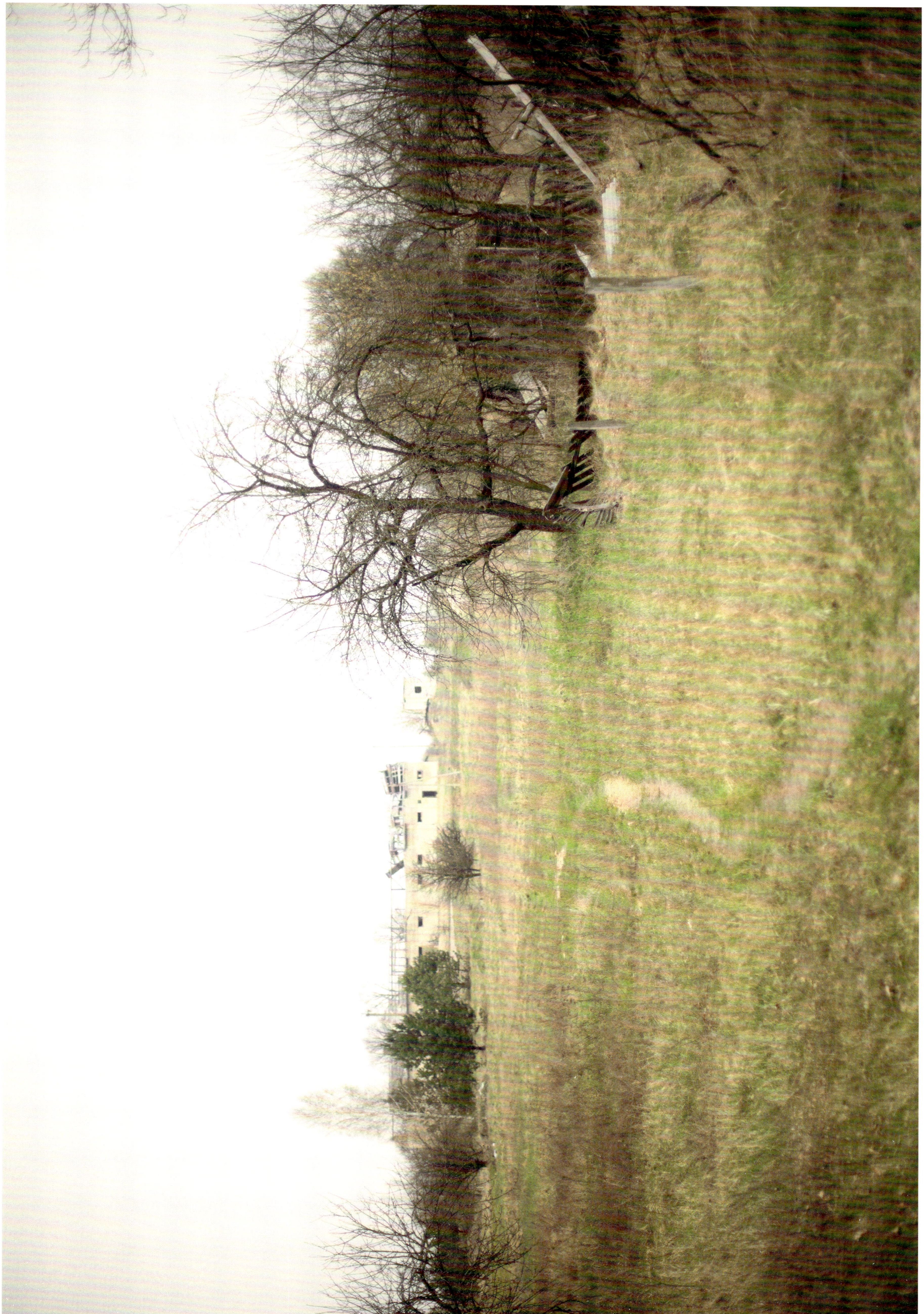

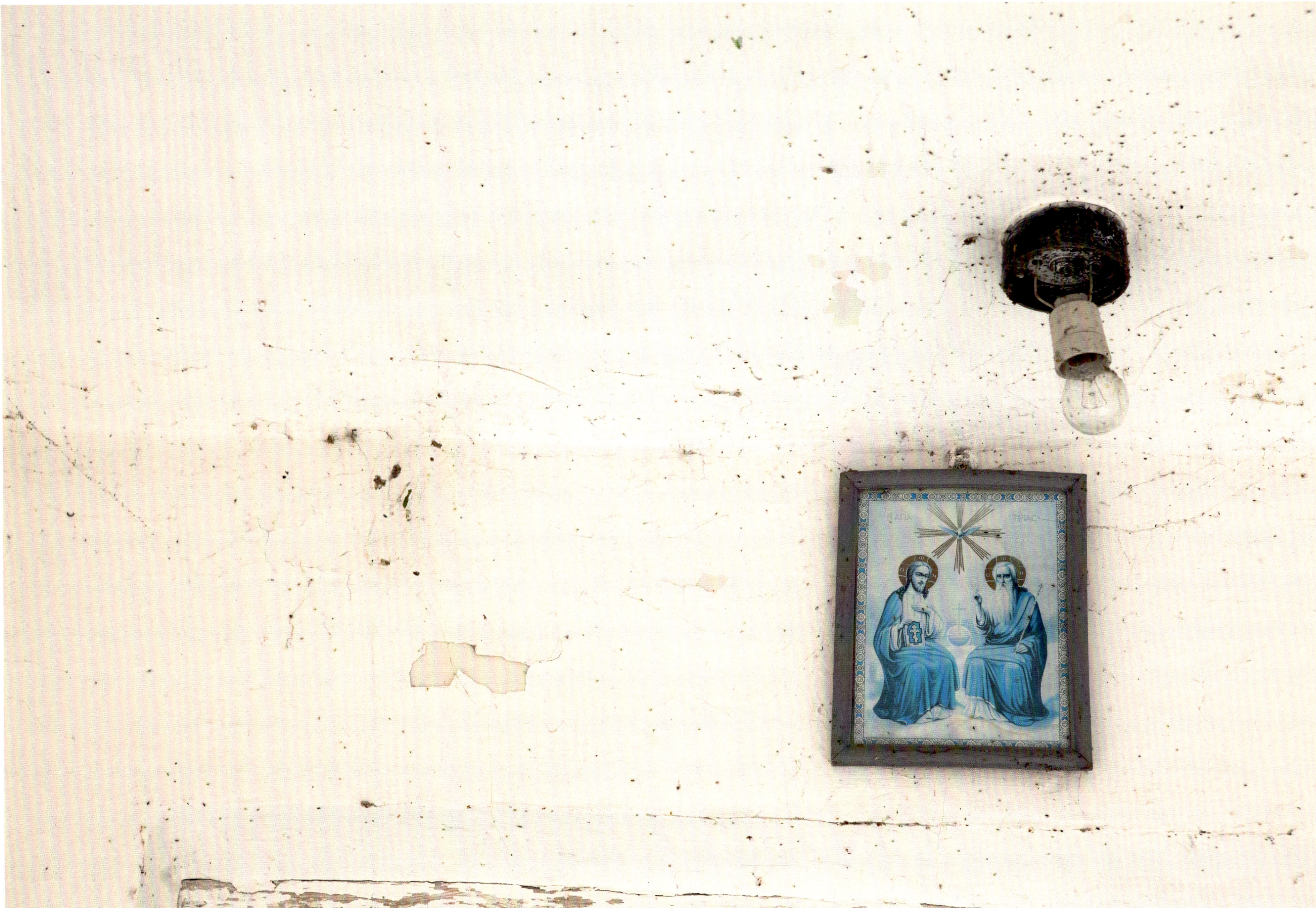
Η ΑΓΙΑ
ΤΡΙΑC

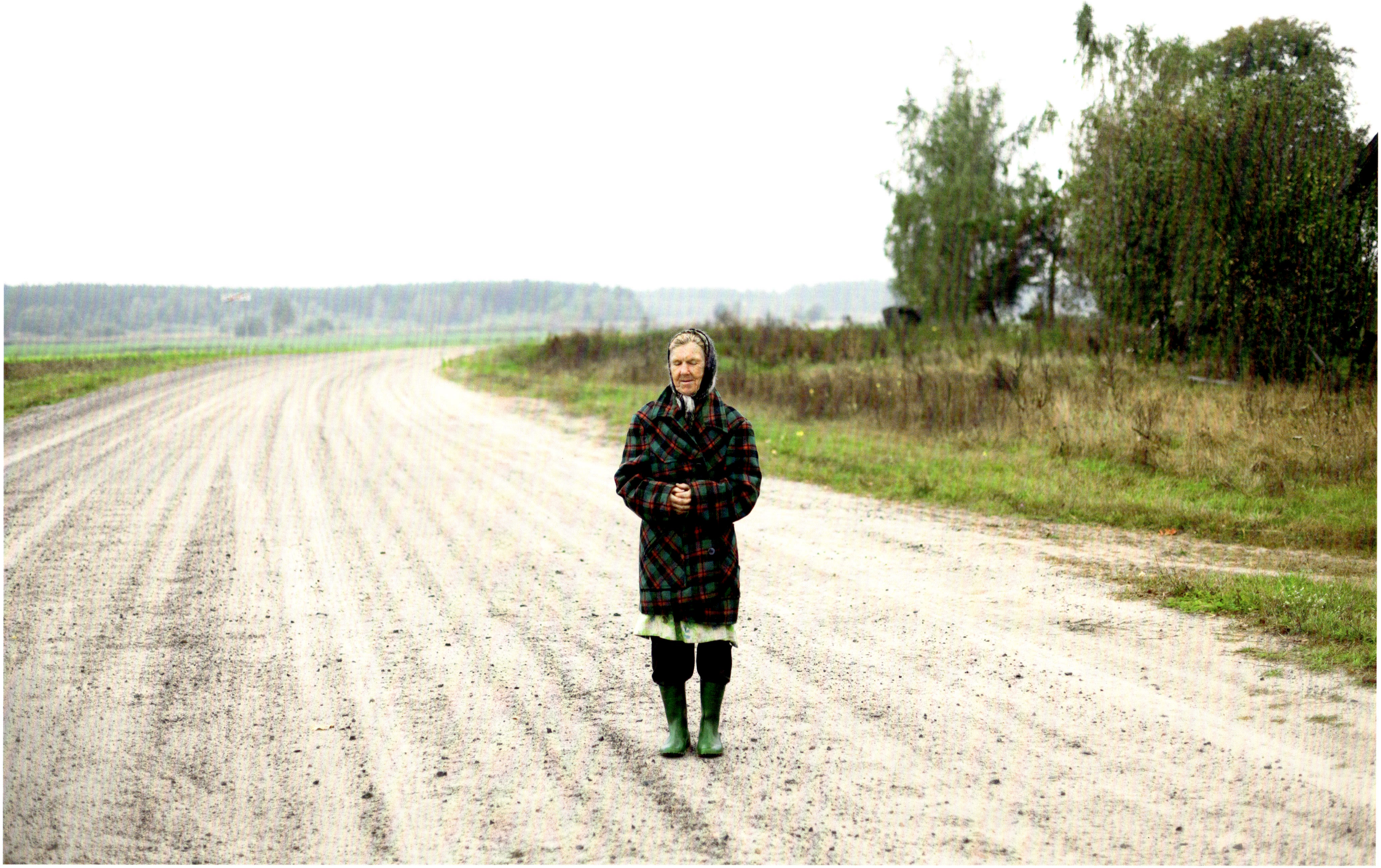

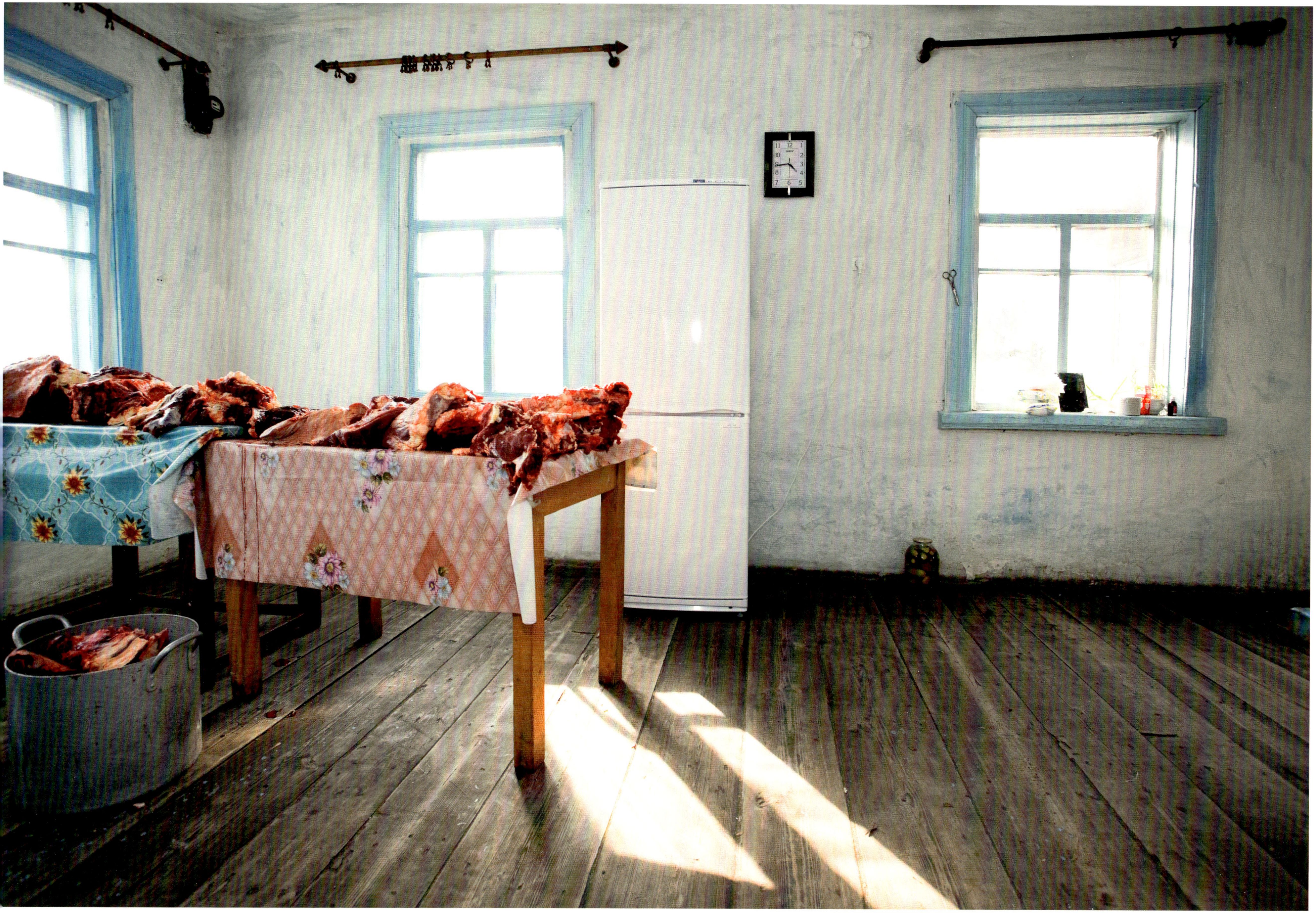

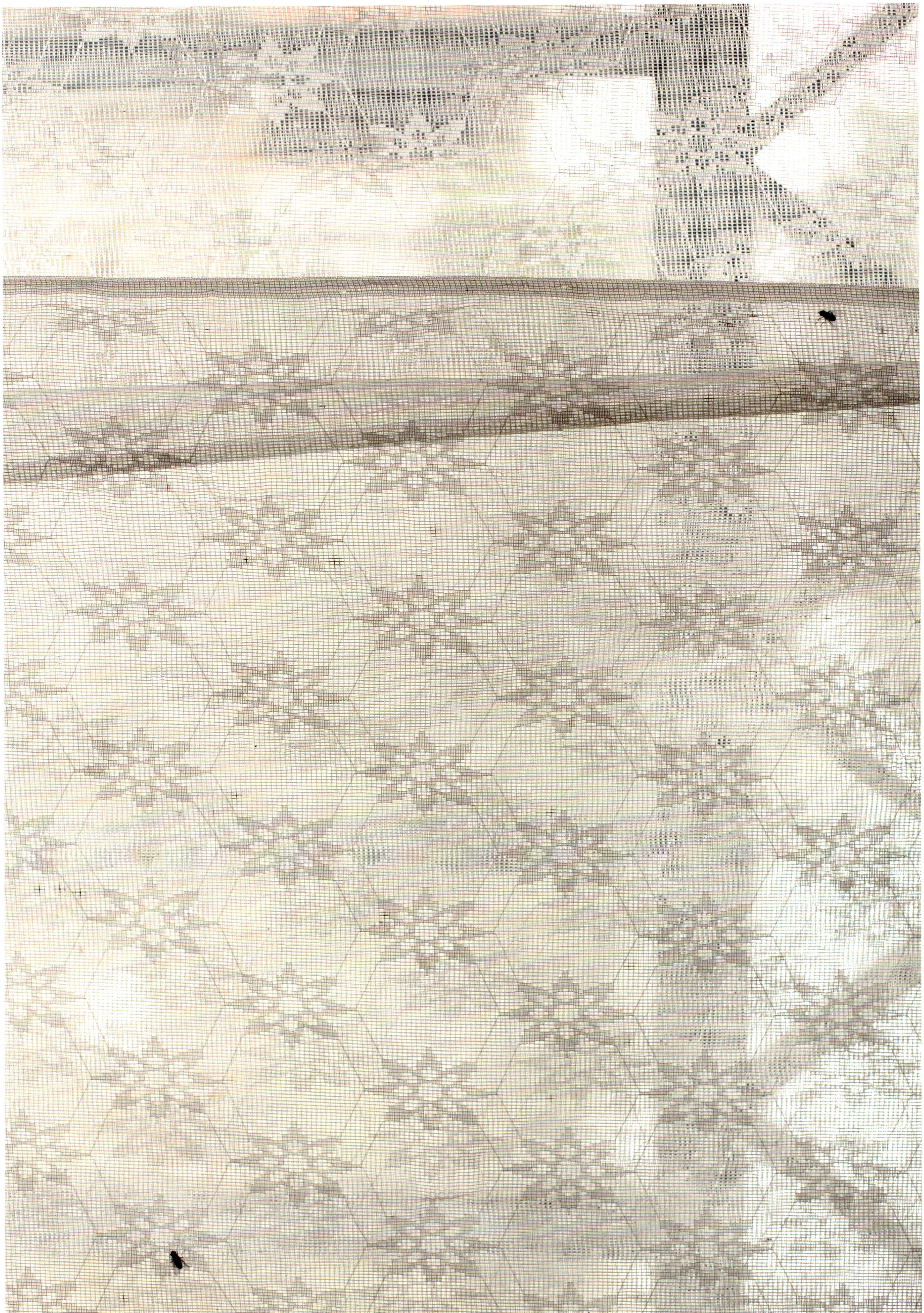

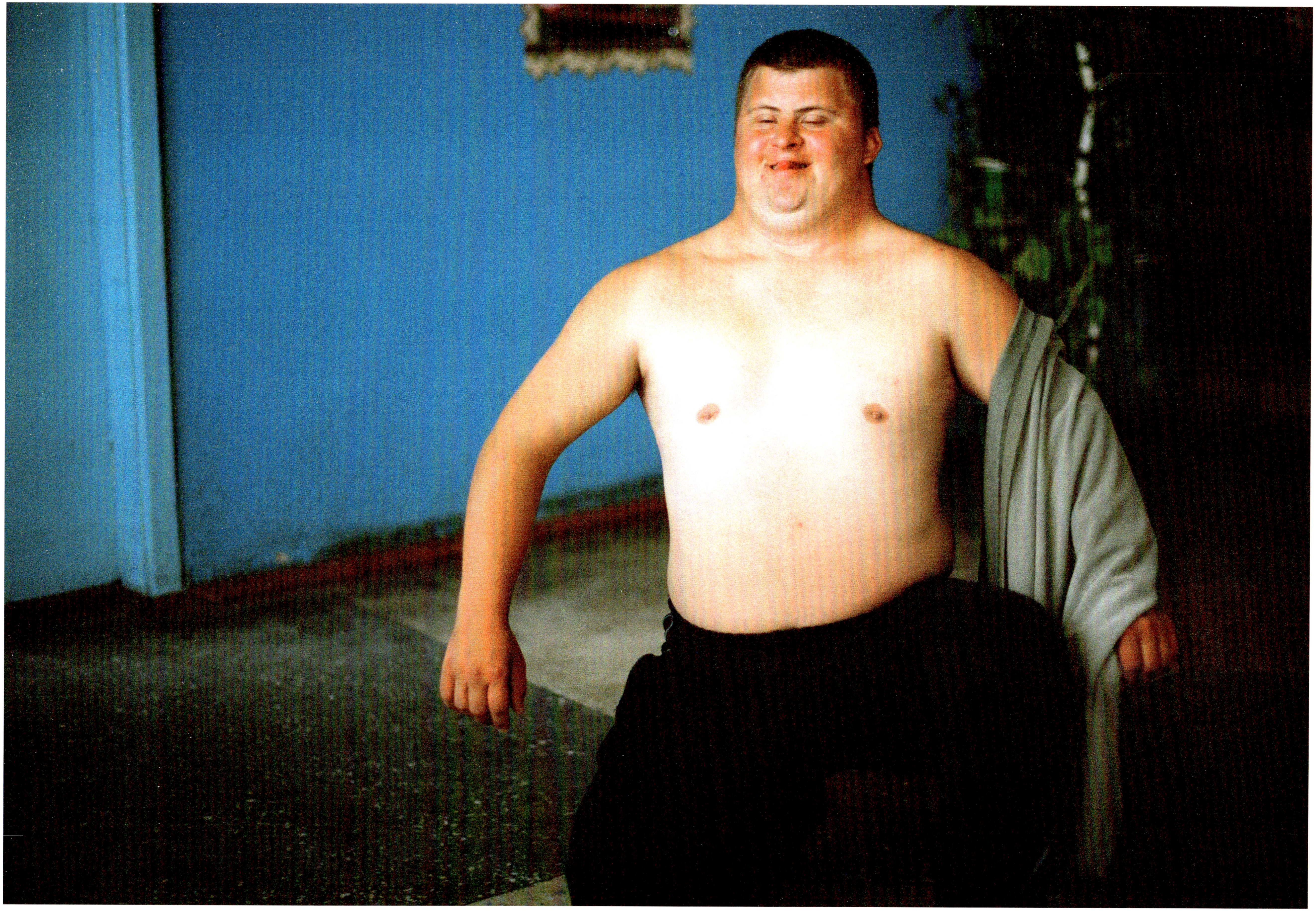

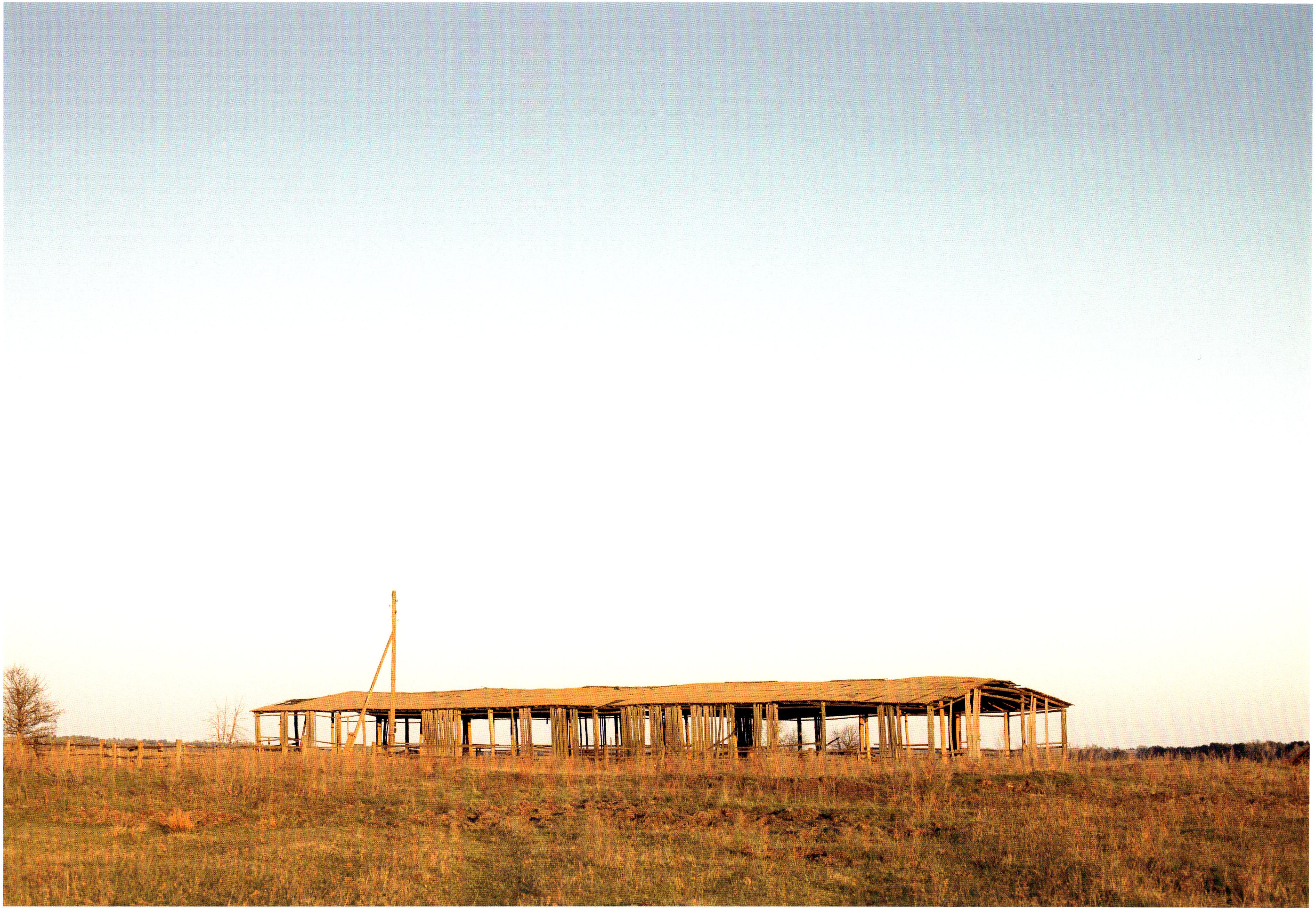

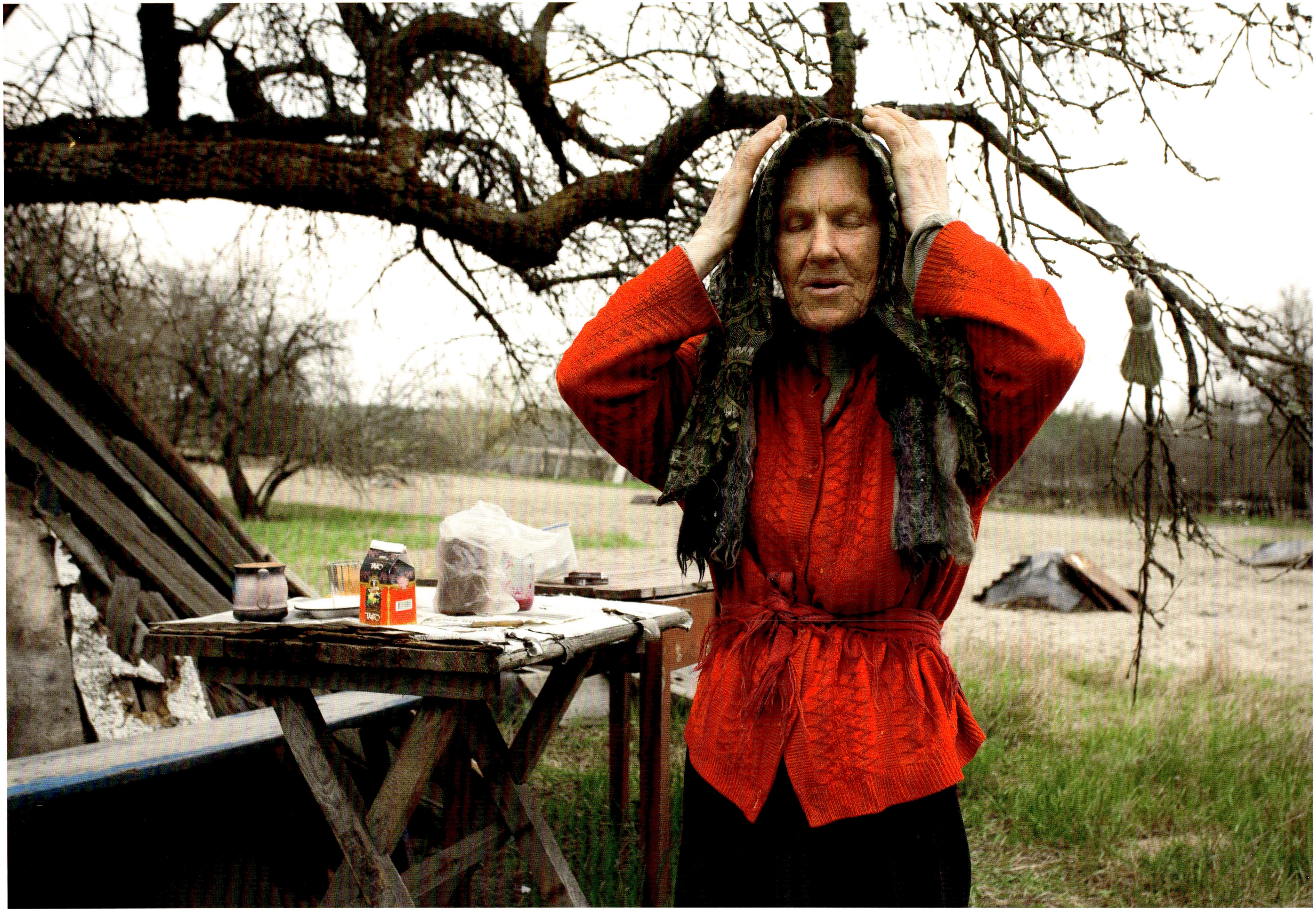

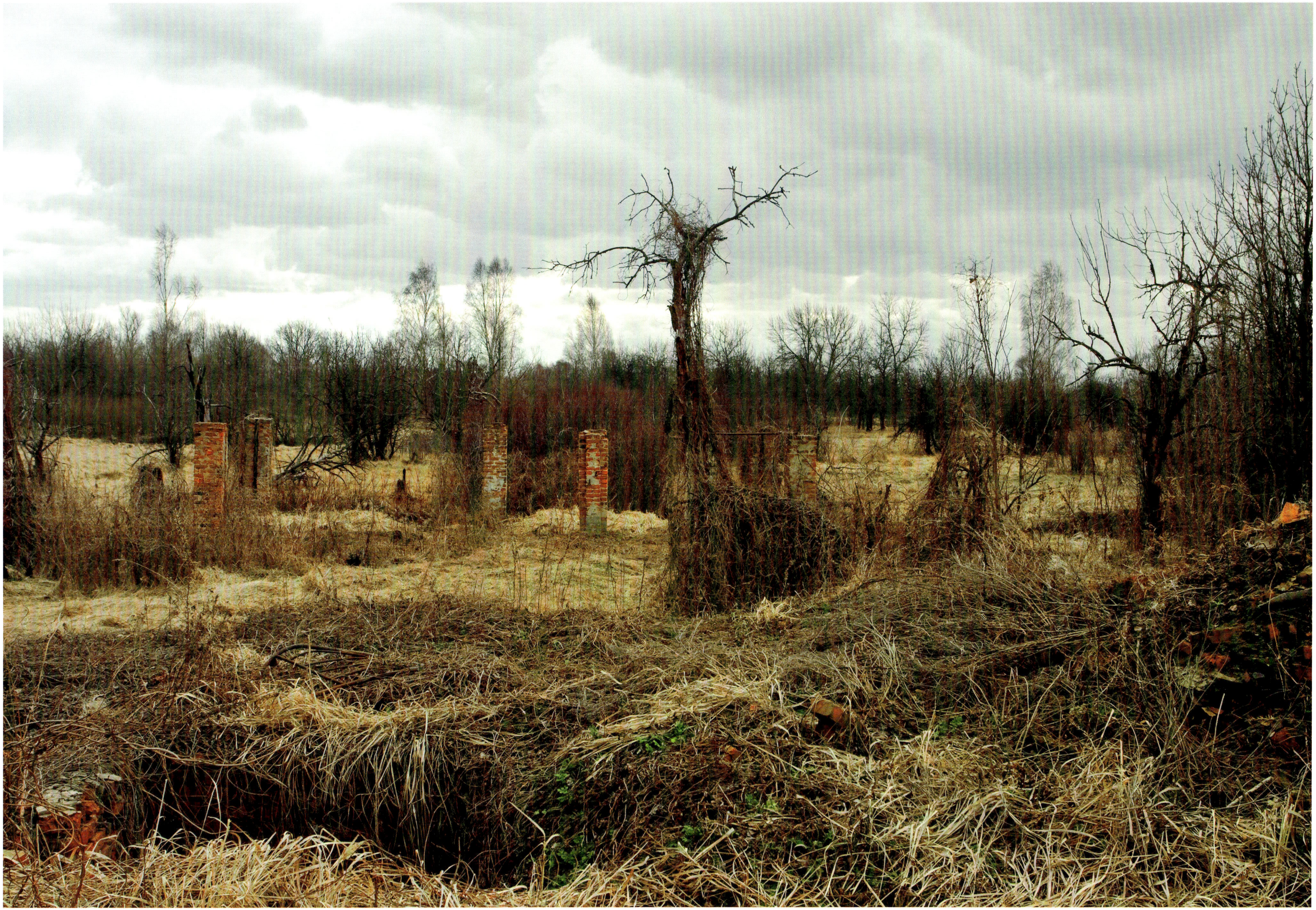

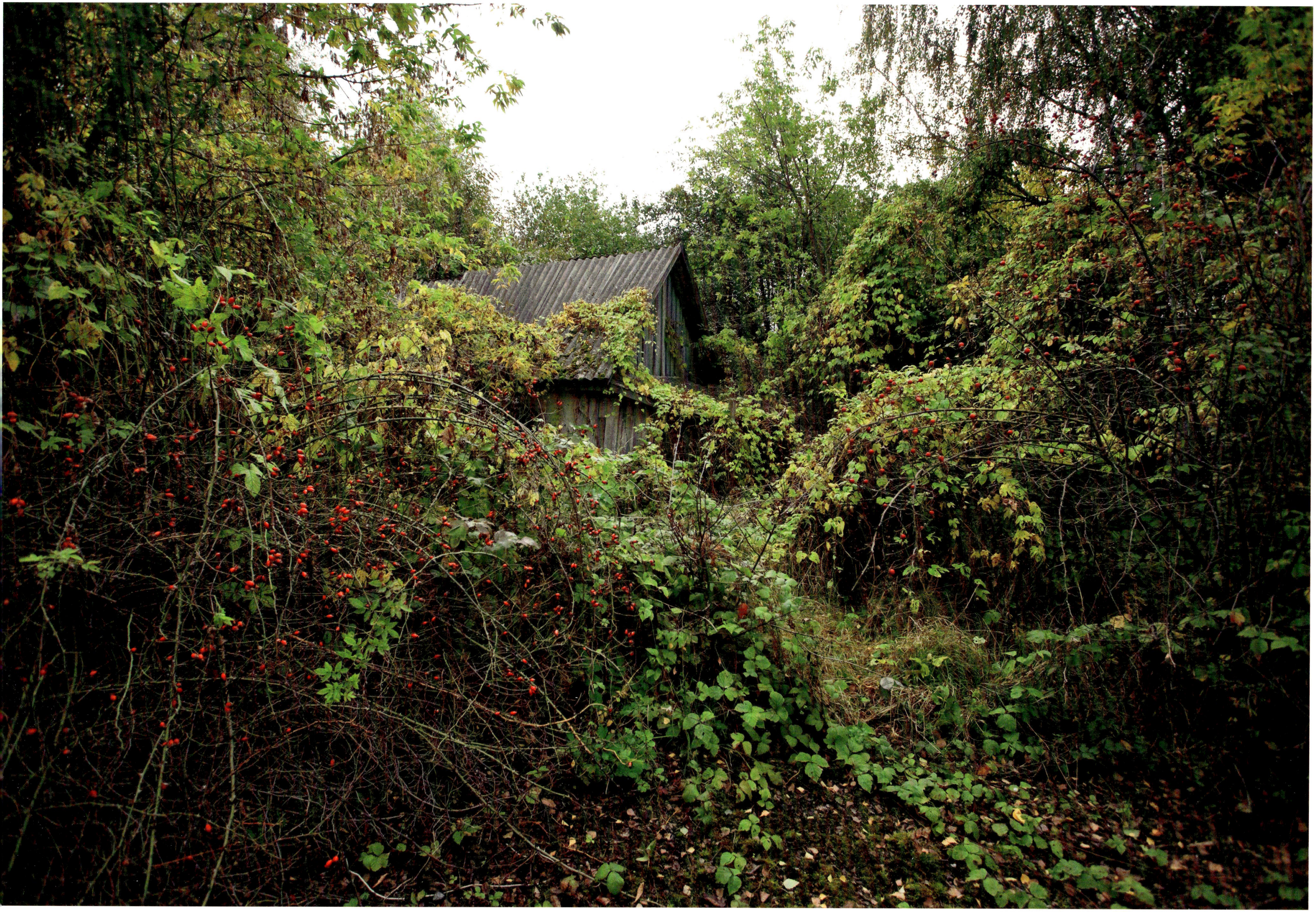

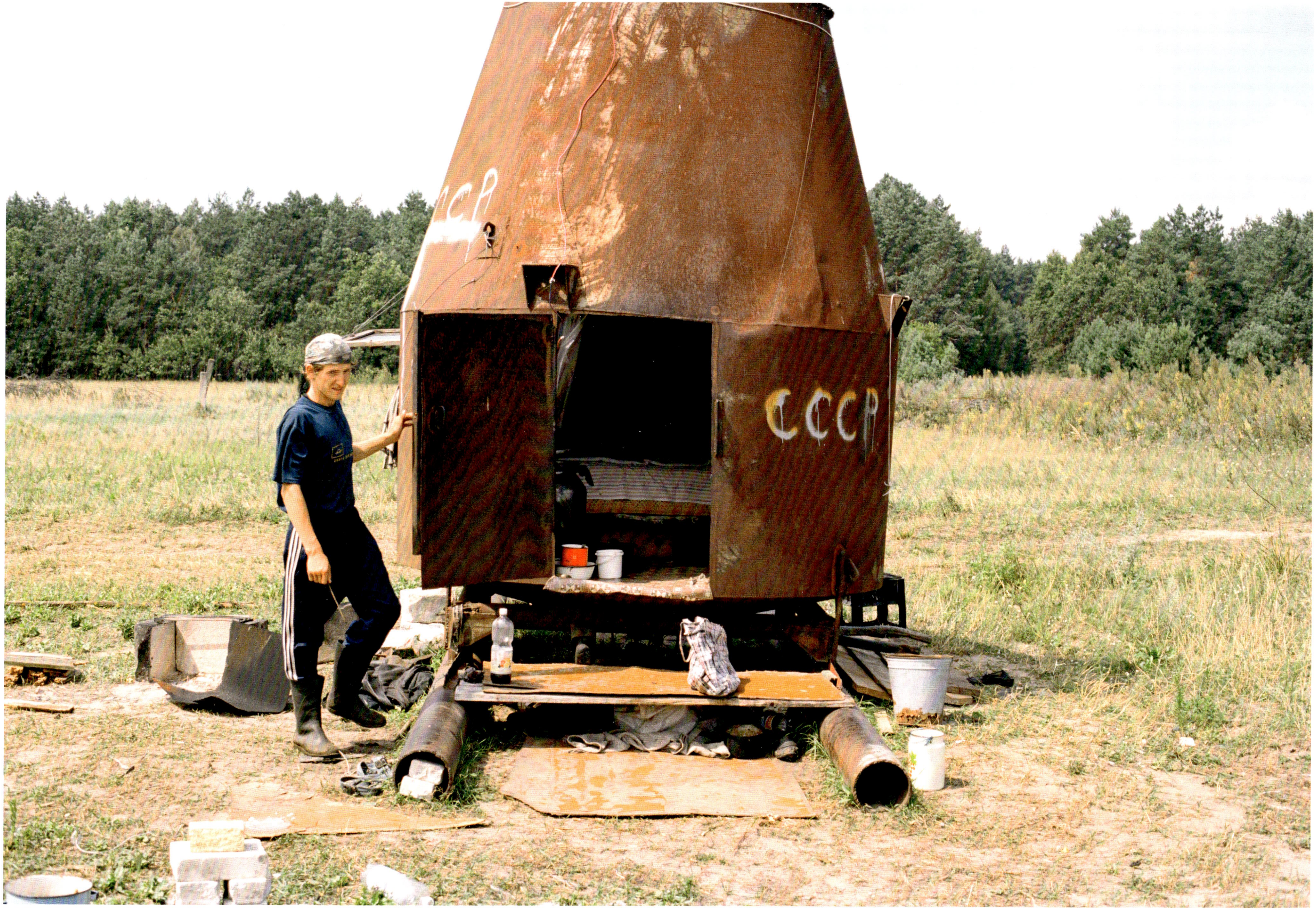
СССР

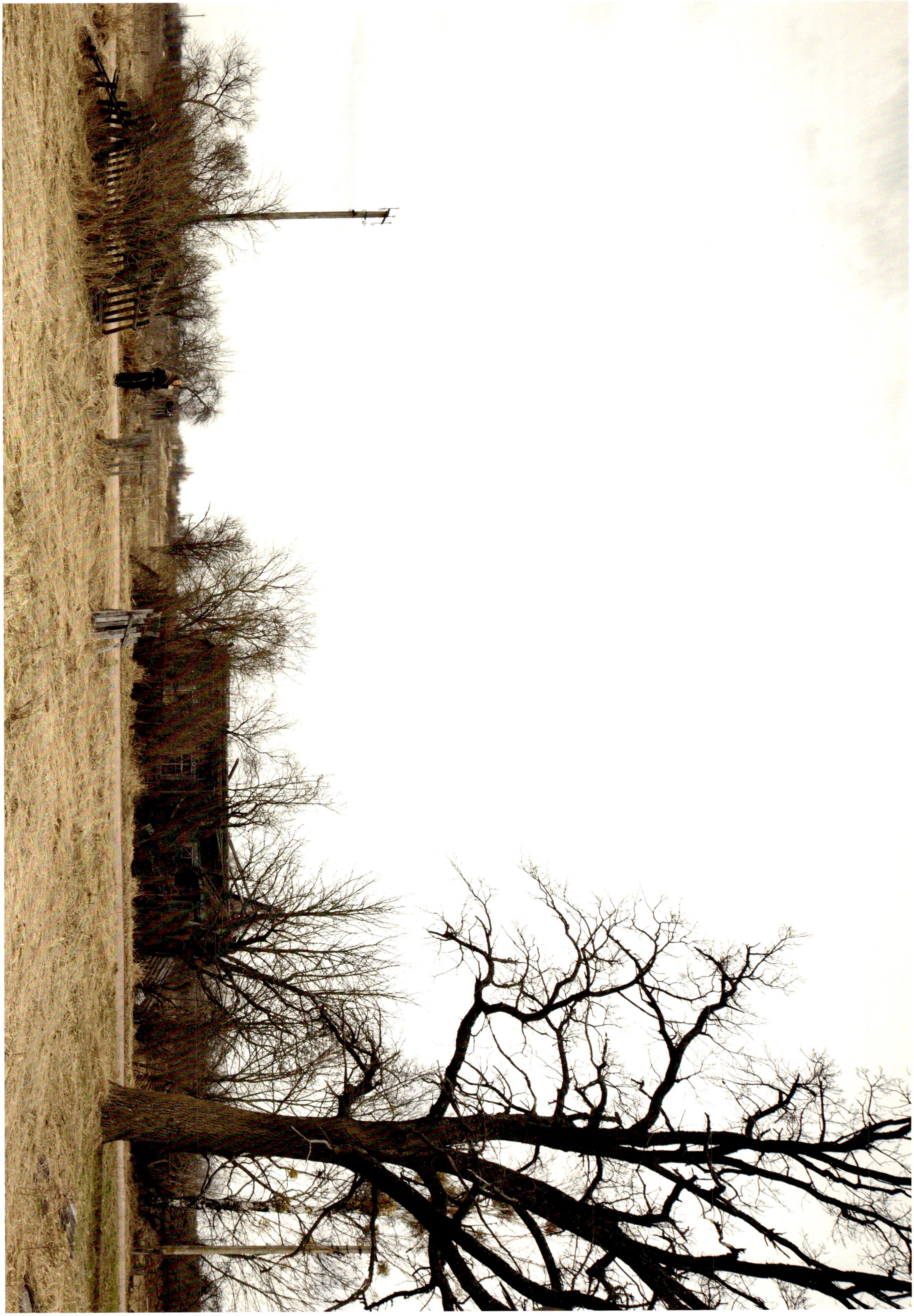